衛生新食譜

上海有正書局印行

上海有正書局發行

最新結婚學　三角

本書共二十八章首論結婚學說之得失繼述各種結婚之利害後敘關於結婚之要義凡陳一義必原始要終推闡盡致意富辭新懨心貴當使閱之者渙然冰釋覽之者怡然理順而於伉儷間之所以得享幸福而去其不幸者一篇之中尤三致意焉凡我國人無論已婚未婚均宜手置一編以爲享有幸福之一助

實用矯癖法　三角

本書前載矯癖通論後載矯癖各論各論羅列癖之性質狀況治法實例通論總述癖之意義性質起源範圍舉其最習見而最有趣者如酒癖烟癖夢囈之癖手淫之癖口吃之癖賭博之癖面紅之癖放屁之癖暈船之癖月經之癖頭痛之癖嫉妒之癖等是凡有癖好者請一觀本書便知所以矯正之矣

不老不死法　三角

人鮮不欲長生不老者而鮮得長生不老者緣未得其法也本書詳論精神肉體食養少食呼吸運動各種不老法末並述不老不死法之新發見奇論妙義得未曾有坊間雖多有關於長壽法與健康法之書而如本書之理想不老不死發表組織的研究之結果則未之前見此本書之特色也

神經病新療法

病名煩惱探原爲美國神經學[illegible]所著所謂煩惱乃指心理謬誤習慣[illegible]經病而言今人患者觸目皆是故與[illegible]代病之稱儋氏著是書先解析其所[illegible]詳述其救治之法反復叮嚀一以[illegible]浮廓之談爲益患者不淺故節譯其[illegible]人

弁言

我國習俗、素重蔬食、外養儉德、隱惬衛生、而充惻隱之心、杜殘忍之習、事微效著、為用尤玄、西方諸國、雖多習於肉食、然今日學者之間、提倡茹素、為勢甚盛、其說本諸學理、歷歷有據、大可藉證我國蔬食之為美俗、尤矣、亟宜勵行、是篇即採其說、編譯而成、聊以備國人之參攷、未敢言詳備也、

所有體例、悉列左端、

一、全書分上下二篇、上篇通論學理、下篇分論食品、

一、分論食品中、以自然品為主、製造品大概從畧、自然品亦世界滋養而廉價者言之、不求盡備、

一、各種食品皆詳其栽培與製造之法、所以備研究食品者之參攷、惟栽培季節、概從陽曆、

一、卷末附載肉食品之成分與其消化率、所以備與蔬食品比較而觀證明理說之用、

衛生新食譜目錄

衛生新食譜上篇

琴仲編譯

通論

第一章 緒言

人類之食物

切有情感資食物、維持壽命。禽獸之屬、或食芻豢、或嗜血肉、幾有一定。至於人類、於有生物及無生物、皆有所取。說者謂是人智最勝、味識獨靈、故能遍攝。藉是且可免於食物匱乏。（距今百三十年前、英國學者瑪爾薩斯著人口論、謂人口之增加、循幾何的比例、由二而四而八。食物之產額、從算術的比例、由二而三而四。其勢逐漸懸殊、吾人終有盡為餓莩之一日。其說盛行多時。近有破其言者、即據人類遍食物品繁多之一理。）其實人之食物、多由習性而定。如東方人蔬為常食、西方人肉糜是好。似兩異矣。近世西俗東移、羣起效顰、未聞鑿枘。誠以熏習成性、無微不至也。

惟據、學理通觀深究、人類所食。宜有準繩。學者之間、爲說非一。大別有三。次舉其概。

(一)蔬食說　爲蔬食說者曰。人類天性、本近於猿。猿但食植物性食物、(以生物爲食物、又可別爲植物性與動物性。植物性無生命、而動物性有生命也。)卽可保其健康。故人之肉食、純出於造作。其竟必使人性粗暴近於猛獸。(歐洲各國多肉食、此次戰爭慘無可喩、蓋非無因。)昔有德人、就所豢養之熊爲試驗、或時飼以植物性食物、則性馴如羔。或時與以動物性食物、則猛獰復舊。可證斯說不謬。且攷荒古原人、始惟採食果實蔬穀、後乃漸及鳥獸。可知蔬食爲人本性。而肉食其習也。東方諸國、主食蔬穀、固不俟論。(我國人日常蔬食者、凡佔人口全數三分之二。)其在西土、山間樵民、日食麥粉。脂肪除祝祭外、殆不具。肉又其貧民、亦惟食蕃包與馬鈴薯、間取脂肪。是亦可謂蔬食矣。然其健康如故。堪事勞働如故。則蔬食於人體營養、固足勝任也。至於肉食則爲害頗多。人之疲勞、由於勞動而筋肉分泌尿酸之故。肉食則足使其分量增多、而疲勞益甚。又肉類在腸中易於腐敗、腐敗則生一種毒物曰甫特冥、使人中毒。又肉類中有絲虫等寄生蟲、最爲危險難防、又肉類缺澱粉、不能清血。凡是皆肉食之害、而蔬食所無者也。以是因緣、人宜蔬食。（蔬食主義又可分爲數種。有但食植物性食品、絕對不取動物性者。有但除肉類、而兼食動物性之牛乳乳酪鳥卵等者。又有於植物性食物中更去數種、而動物性之乳酪亦不屏絕者。此即是佛教徒所持戒。其不食肉類、因不殺生之故。於蔬菜中別去五辛、葱、薤、韮、蒜、興渠、以其熟食發婬、生噉增恚之故。然富刺激性之椒類、未盡去也。此外又不飲酒。以上三種、雖同爲蔬食主義、然科學者所主張則在第二種。

（二）肉食說　爲肉食論者曰。肉類同有身體之養分、而其味獨佳。可以促消化液之分泌、而易於消化。植物性食物之養分、多包硬細胞膜。消化未盡、卽因纖維刺激胃腸、速行通過。故滋養之效不獲全著。又植物性之食物所含蛋白質養分、遠少於肉類。非多食不能足。實爲事所難行。如人日須蛋白質一百十八格、（每格約當我國二分七釐）食肉但五百五十格而已足。如其食米、必二千格、馬鈴薯必五千格。是則但取植物性食物欲得可保健康之養分甚難。卽能得之、所費能力亦巨、仍屬得不償失。至於肉類不含纖維、養分全化。故消化率大、而食少量卽足。以是因緣、人宜肉食。

（三）混食說　有折衷肉食蔬食而立混食說者。其言曰。人胃介乎肉食獸（虎豹之屬）草食獸（牛馬之屬）之間。肉食獸之胃小而腸短、所容不能多。草食獸之胃大而多、腸又甚長。雖食養分有限之草類甚多、亦可相容。蓋草食獸之消化器、當體重百分之十五至二十。肉食獸之消化器、但有其五。人胃當其七八。故介兩者之中。以混食蔬肉爲是。且蔬必多食、但肉質便惡。兩者劑和、利莫大焉。至其劑和之分量、一視年齡與生活狀態而異。如在教育甚盛與妊娠之時、當多食肉。老人與不甚勞働者、則多食蔬。是爲通則。人或有謂殺動物而食之、殘忍不宜。然此亦不得不感造化之矛盾。動物既皆具愛生惡死之情、而一方復有非食其他動物不獲生存之動物。欲兩全之、實無其道。具一切動物皆不殺戮、其繁殖必甚速。日久雖不至於野獸食人、然人欲以爲食之蔬穀、恐亦不能保有。是則生物之相殘食、純屬不獲已之事、不可概以殘忍不宜非之也。昔者佛蘭克令嘗持蔬食主義。歷久不忽。後航海、見庖人剖魚、腹藏小魚無數。不覺喟然嘆曰。爾亦食他魚乎、我食爾亦何害。自是棄蔬食主義不復談。是則古之名人、亦嘗以是理詔吾人也、以是因緣、人宜混食。

以上三說、各有所據、似難遽判其是非。然人之攝取食物、本爲支持身體之健康。細究人體之構造、與食品之所宜、蔬食主義、理實獨長。其說具詳於後。惟主張肉食與混食者、每以因食殺生爲不獲已爲言。倒果爲因、惑人最甚。其是非不可不先辨。人之肉食、以家畜家禽爲主。家畜家禽者、由人飼育講求繁殖、非自衍生者也。近世肉食國、以美爲首。其國畜牧之業最盛。每年產額、較穀蔬果物及鑛石之總值猶過之。而芝加哥、聖路易等地、各有大屠殺場。每日所屠殺者、不知其幾千百頭也。然猶取之而無竭焉。美之立國、不過百數十年。其畜牧業之盛、爲時當更近。而家畜之繁

正義

殖如是。美洲之有上既幾萬萬年、曾未有此。其純由人力爲之、可知也。特舉例如馬。人以其能載重致遠、從事耕耡、馴爲家畜、爲時已久。自千八百六十年法都創食馬肉以來、至今歐洲每歲屠馬四五萬頭。而馬之供他用者未聞不足。是馬之驟然繁殖、亦純由人力爲之、可知也。其他家畜家禽、蓋無一不如是。乃至池沼魚蝦、亦概先下卵種而後撈取焉。是人之殺家畜家禽以供食、非以其自繁衍充斥也。乃因人欲食之、而故使其繁衍充斥也。自生之而自殺之、是亦不可以已乎。人之異於禽獸者、亦以其有惻隱之心耳。禽獸之自殘、正其所以爲禽獸者。吾人胡能昧昧效禽獸之所爲、而忘其本性也。佛蘭克令見理不明、創爲邪說、又何足道。且禽獸之自殘、即自制其繁殖之一法。吾人可無杞憂禽獸之食人。如謂其強猛者將爲人患、非殺之不可者。此則別爲問題。殺猛獸鷙禽、固非爲口腹計、則何可據以立肉食之說。故當立正義曰。肉食之殺生。皆可已而不已者。最有悖於人性。使蔬食足以維持健康生命。一無所礙。吾人必力絕肉食之惡習也。

第二章 食物之效用

設有舉人體何故必須食物爲問者。人必答之曰。人非食物則死。此答義實不盡。人不食必死之理由。固未言也。今當詳釋食物之效用以明之。食物之效用。大別有五。使身體發育。其一也。恢復既損減者。其二也。生熱。其三也。生精力。其四也。有藥餌之效。其五也。

成長與恢復

人體由無數細胞集合而成。當使用精神勞動筋肉之時。必損減其一部。是必不絕由飲食以補足之。其在發育期之嬰兒。於補足舊細胞以外。更須日增發育所必要之新細胞。此亦由食物得之。此種食物。可謂之組織構成的食物或血肉的食物。其成分必爲多含窒素之蛋白質、故又可謂之含窒素的食物。或蛋白食物。穀類之膠質、牛乳之酪素、卵白肉類等皆屬之。其消化後、大部爲血液、補充身體之組織。蓋食物中甚重要者也。

體溫與精力

居熱帶者、多嗜果物。居寒帶者、多好脂肪。皆因氣候關係、異其食物。蓋食物之種類、異所與人體之熱量亦異也。爲維持精力計、必常食生熱之食物。固不待言。然熱帶之人、外感暑熱、所需保體溫之食物較少、故好蔬食、寒帶異是。居民專由食物保持體溫。故嗜脂肪。爲人類食物、大概由酸素、水素、窒素、炭素、燐、硫黃、石灰等化合而成。人體四分之三爲水。其餘分即由是等食物組織之。如骨與齒、即以燐及石灰爲主。可爲一例。然欲得熱與精力、尤當攝取炭素的食物。譬如竈突、積薪與石炭、引火則燃。此蓋炭素得熱、與空氣中酸素結合成一種炭酸氣而發散之。故炭素一盡、其火立熄、但餘灰燼。如欲其常燃、必不絕加薪炭、而去餘灰。人體生熱、理與是等。亦由炭素結合酸素、起燃燒作用、而發溫熱。故保體溫。必供給適當燃料於體內。供給若絕、人體仍冷、終至死亡。爲人體燃料即溫熱的食物、凡有二類。其一爲炭水化物、其一則油膏也。

炭水化物

炭水化物謂含炭素之食物。其主要者爲澱粉與砂糖。其功用在於體內結合酸素而生熱。惟其分量過多、即一部分成爲脂肪、殘留體內。一切穀類野菜皆富於澱粉。略和以水而熱之、即成粘液體糊精。更久熱之、即成一種糖分、曰葡萄糖。乃果物中常見者。吾人日用之砂糖、其原料頗多。主要者爲甘蔗、甜菜、楓、棕櫚、及果物等。(其詳見下篇)投砂糖於火即燃、而餘殘跡如炭、形小而堅。砂糖與澱粉之在體內所起作用、亦復如是。但由種種方法吸收之、不使留固形體。至於炭酸氣、則由肺吐於體外也。

油膏

油膏從俗分爲脂肪與油二者。脂肪

謂固體、油謂液體。脂肪主由牛羊豕等之肉及乳取出。油則取諸魚類及植物。脂肪主用以煎物、其由牛豕取得者爲用最廣。油之功用相同。我國以麻油菜油爲上品、歐美諸國則以橄欖油爲最上。近日美國新製一種棉油。乃由棉實取油、更加以少量牛之脂肪、使成固體。其消化極佳、可謂良食品也。動物脂肪中、歐美廣用乳酪。(製法詳下篇)植物油中、又有從胡桃及落花生製成者。要之脂肪與油俱能燃燒、除石油而外、卽當推之。且又可供食用、如鯨油、海豚油等、恒人皆以其有惡臭不一嘗食。然在北方極寒之地哀斯基摩人、固視爲無上珍品。凡脂肪與油爲燃料燃燒時、必發火與熱、其在體內起燃燒作用時、亦復如是。

營養之要素

如前所述、人體四分之三由水分而成、其餘則爲種種要素。故所食物、亦必含有種種要素。第一爲水、其次爲補血肉組織窒素的食物、即蛋白質。

其次爲維持體溫之澱粉質、糖分、及脂肪。如有一種完全食物、含有是等要素適當分量、卽可無須更取種種食物。惜此理想食物、今猶未有、故仍需雜取以爲是等營養。一切食物本俱含水分。惟其量有限、不能供人體之所需。勢必更飲茶水。通常成人每日約須水分一升五合、故其量非食物中所能具備也。於一切飲食物中、言其較爲完全者、首推乳汁。乳汁所以養育嬰兒幼獸、使之成長、至能消化固形體。其中要素有乳酪、卽是脂肪。有乳素、卽是蛋白質、乳漿之內、復有糖分、卽是炭水化物。其外更有鑛物質少許。是人體所必須者、無不含有、故甚可貴也。次於乳汁之貴重食品、爲鳥卵、其白爲蛋白質、其黃爲脂肪質。又次爲小麥粉、含蛋白質與澱粉甚多、爲穀類中最上品。又次爲豌豆、大豆、蠶豆等、含蛋白質澱粉、而爲甚滋養之食物。

刺激物

於水以外、茶珈琲椰子茶等、皆用爲飲料。是非但取其香味之美、亦以能使人忘倦也。是等飲料本含刺激劑、用時又多煑沸、故能刺激胃臟以及全身、使之溫煖、且强消化力焉。惟在小兒則飲白湯爲宜。

人體成分

第三章　人體之化學的研究

距今六七十年前、食物中何種成分爲人體營養分、又人體與食物由何種成分構成、世人猶未盡知。以後化學進步、由種種方面研究、漸次判明、遂能窮其實相。今先言構成人體物質之化學的成分。

人體成分、由年齡、性質、健康狀態等事、畧有差異。據實驗言、體重九十四斤者、其各種成分大概如次。

水分	五十五斤五兩
蛋白質	八斤七兩

脂肪　十九斤十一兩

膠質　五斤十兩

鑛物性鹽類　四斤六兩

又構成人體之元素、爲炭素、水素、酸素、硫黃、燐、鉀、鈉、石灰、鐵、弗素、珪素、錳等。此中分量最多者爲酸素凡六十七斤八兩。其次炭素十二斤十三兩。水素八斤二兩。窒素二斤三兩。石灰、一斤四兩。燐、一斤一兩。其餘則量少不可計矣。是等元素用種種比例結合而成種種化合物、遂爲骨肉皮毛內臟等組織。其化合物由化學上可大別爲三。即水分、有機分、及無機分也。

水分

人體水分、亦視健康狀態之如何、而異其分量。大概言之、少年者較老年者爲多、而肥者較瘠者爲多也。

有機分

人體有機分之分量、次於水分。體重九十

無機分

四斤者、有機分約有三十一斤四兩、凡當全重三分之一。其中又可別爲蛋白質、脂肪、炭水化物、有機酸、色素、酵素等。分量最多者爲蛋白、脂肪。餘則甚少。蛋白脂肪之分量、亦由人體營養狀態而異。大概言之、肥者多脂肪、而少水分。至蛋白質、則肥瘠無大差。其次無機分、在人體中可謂最少。體重九十四斤者、但有六斤四兩、當全重十五分之一而已。其中別爲灰分等。遍在骨齒血液等一切器官中。如鹽素在胃液中爲鹽酸、在血液淋巴液中爲鹽化鈉、又與石灰化合成齒骨等。如硫黃與燐、皆爲如蛋白質之有機化合物。如鐵、則含血液與膽汁中也。

第四章　食物之化學的研究

人類之食物雖極繁複、然大別之、動物性食物植物性食物二者可盡。二者俱由水分、有機分及無機分而成。如加以高熱蒸發之汽、是即其水分。

衛生新食譜

更燃燒其餘分所失者爲其有機分、而灰燼則其無機分也。至足以左右食物之價値者、惟有機分。此又可細別爲蛋白、脂肪、炭水化物、酵素、色素等。

蛋白質

蛋白質爲窒素化合物之通名。通常由炭素、水素、酸素、窒素、及硫黄等元素合成、有時亦含燐、鐵等物、不能一定。又就各種蛋白質試驗之、每異其理學化學的性質、至不可視爲一屬。然一切蛋白質、亦有其共通性質數種。如分子量極大、溶於水者不能通過動物性之皮膜、皆是。至其溶液爲中性酸性、加熱而凝固、則又非但蛋白質如是也。存在動植物中之蛋白質、其構造性質、猶有未能瞭然者。故其分類、隨人而異。今從其適用者言之。

眞正蛋白質

蛋白質可分眞正、複雜、擬似之三種。眞正蛋白質、存於動物體之各[illegible]關、乃至排泄物中、亦多少有之。此又可分二類。一由先天存在者、如血液、

複雜蛋白質

擬似蛋白質

淋巴液、筋肉、卵白、乳汁等所含者、皆是其質或易溶於水、或不溶於水、或更含燐、而皆無色、無味、無臭、無定形也。二由胃腸消化液之作用變化而成者、能使天然之蛋白質成酸。復次、複雜蛋白質乃蛋白質與色素炭水化物或糖類結合而成者。如在赤血球中之蛋白質、即其與色素化合而成者。又如動植物之細胞核主要成分、即其與紐革林結合而成者。又如唾液之粘分與山芋等黏分、即其與糖類結合而成者。溶水煮之可復分解爲二。復次、擬似蛋白質爲不屬前二類蛋白質之總稱。俱不能溶於水。其中有爲外皮、毛髮、爪、羽、等主成分者。富有硫黃、故燃之發惡臭、雖用酵素亦難使變化。以爲食物、必無營養價值可知。又有爲高等動物之結締組織者、用水久煮、即成爲膠。又有爲骨中有機物之主成分者、亦然。且有幾分營養之效。

脂肪

脂肪亦可謂之脂油。俗視脂與油有別、化學上無是也。脂肪由水素、酸素、及炭素三元素合成。常與脂肪酸與相似之有機酸二三種化合。在通常溫度、或爲液體、如魚類之脂肪。或爲固體、如牛之脂肪。蓋所含之質各不同也。固體脂肪加熱則成液體、但不似水之蒸發。其純粹者黃色、或無色。味臭俱無。不溶於水、而易溶於以脫或揮發油中。加蛋白質之溶液於脂肪、搖動之、即爲蛋白質與包薄膜之細粒。集細粒成乳狀。是謂脂肪之乳化。人所食之脂肪、至十二指腸間、即被乳化。更遇酵素、則分解爲脂肪酸與格利曳林。脂肪酸遇消化液中之阿爾加里而鹹化。易溶吸收於細胞中。後再與格利曳林化合爲脂肪、而由乳糜管運輸於血液中。爲

炭水化物

炭水化物一名含水炭素。蓋其成分爲酸素、水素、炭素之三元素。酸素水素之比例、適與水中所含者同、故有此名。動物體內炭水化物雖少、而

植物中則甚多。吾人日常所食米麥之屬、其大部分皆此種成分、而其能養人者、亦即在是。由化學上言、炭水化物分爲單糖、二糖、多糖之三類。此外別有彭多斯一種、無關營養、略之。

單糖類

單糖類中以葡萄糖與果糖爲主。水與酒精、皆可溶之。植物果實中含之最多。葡萄糖因始由葡萄取得、故名。動物所食澱粉等、在消化器內亦變爲葡萄糖、吸收而混血液之中。其量則無一定。蓋所吸收之葡萄糖、亦由肝臟之細胞變化爲格利柯肯、藏於肝臟中也。果糖較葡萄糖更甘、花果之中均有之。果實未熟時、葡萄糖居多、故味薄、迨熟而富果糖、遂甚甘。蜂蜜之大部分亦爲果糖、因花蜜中有之也。

二糖類

二糖類以甘蔗糖、麥芽糖、乳糖等爲主。日用之砂糖、即是甘蔗糖。甘蔗、甜菜中含之最多。草莓、鳳梨、蜜柑、胡蘿蔔等亦間有之。如用薄酸煮之、或使受酵素作用、加一分子之水、即分解爲葡萄糖與果糖。麥芽糖麥中

多糖類

最多。麥發芽時、種子中所含澱粉、因酵素而變化爲麥芽糖。普通水飴之無色者、即其純粹者也。如加薄硫酸煑之、更加一分子水、即爲二分子之葡萄糖。乳糖一種、惟動物體中有之。乳汁百分之四爲乳糖。製造乾酪之時、可得此爲副產物。用薄硫酸煑之、加一分子水、即變爲葡萄糖與迦羅克多斯糖。故三者皆謂之二糖類。多糖類以澱粉、糊精、細胞素等爲主。澱粉廣存於植物界。米、麥、馬鈴薯、甘藷等含之最多。植物性食物之主要養分、即屬此種。其形爲白色粉末。用顯微鏡觀之、爲圓形與楕圓形。其大小隨植物而異、故一見可別。性本不溶於水。若用水久煑之、外皮脹裂、即成爲糊。澱粉遇碘成爲青色、故可利用此種特性、試驗澱粉之有無。澱粉既爲不溶性、勢難直接吸收。故必先使受薄酸之作用、成爲糊精、再成葡萄糖。或加酵素作用變爲麥芽糖。唾液之中、即有此種作用之酵素。含飯細嚼、頗覺其甘、是即飯中澱粉變爲麥芽糖之故也。澱粉將變爲麥芽糖之間、猶有種種階級、總名之曰糊精。故製糊精者、當於其未變麥芽糖之前、急加以熱、使失酵素活力、乃可。其性甚黏、加水可代膠用。細胞素爲造植物細胞膜之材料、而植物纖維之要素也。濾紙爲細胞素之純粹者。棉、麻、紙亦幾全由細胞素而成。水與藥品大概難溶、惟强硫酸則可。又用薄酸久煑、可變爲葡萄糖。食物分析表中所謂纖維、即由細胞液爲主、更含少量之木質素等而成。在消化器內、不能溶解、故無營養之效。食物中含之過多者、不宜取食。惟飼家畜、則能消化而得養分也。又前述之格利柯肯、亦謂之動物澱粉。存在於動物肝臟與筋肉之中。無色、無臭、且無定形。能溶於水。用薄酸煑之、即爲葡萄糖。能使澱粉變爲糖類之酵素、大概可變此爲麥芽糖。又此種澱粉、遇碘即成赤色。

有機酸

有機酸主由炭素、水素、酸素三元素構成。其在動物膽汁中者、則更含有窒素、動物體有機酸、多爲脂肪而存在。其量甚多。亦有不變狀而游離者、則爲乳酸與脂肪酸者也。乳酸於勞働後、筋肉中生出甚多。有機酸亦廣存於植物。其最常見者、爲蓚酸、林檎酸、酒石酸、枸橼酸等。梅之味甚酸、卽由含酒石酸甚多之故。大概植物之根葉果實中皆畧有之。果實未熟時、味皆酸澀、卽因含酸之故。及熟、糖類增加。酸類又由呼吸作用分解而爲炭酸氣、味遂變甘。

酵素

酵素動植物中皆有之。蛋白質、脂肪、炭水化物等、受其作用、卽分解爲簡單之化合物。簡單者受其作用、又可合成複雜。動植物體中新陳代謝之作用、卽由酵素營其一部。其於其他物質所起化學變化、與通常之化學變化異趣。如苛性鉀與鹽酸化合時、兩者俱生變化、而成食鹽與水。至酵素有作用於其他物質時、則不爾。如化澱粉爲麥芽糖之酵素、即但爲媒介、使澱粉變化、而自體猶如故也。酵素在動植物之細胞中、受熱與其他刺激、即生特有之功用。如種子發芽時、鳥卵孵化時、皆因溫度之刺激而生其作用。又如食物入胃、即因其刺激、而胃液中一種酵素即生作用。又受酵素作用者與酵素在各別細胞中時、互相接觸、亦可起用。至酵素之形狀、似蛋白質、爲化合物。加以攝氏百度之熱、或用強酸等化合藥品、即失其能力。然因非原形質、故可由生物體中取出而貯藏之。生物體中酵素之種類極多。就通常所知者、大別有六類。其一、分解蛋白質者。其二、分解脂肪者。其三、有作用於炭水化物者。其四、有作用於糖原質者。其五、能使酒精乳酸醋酸等醱酵者。其六、能爲酸化及還元作用者。今但擇其中最普通者二三種言之。分解炭水化物之酵素、有曰達斯多支者。復有數種。皆能分解澱粉爲麥芽糖與糊精。動植物體中多有之。試以麥芽浸薄酒精中、濾其液、加無水酒精使之沉澱、即成植物中含此、其用在發芽時、溶澱粉、輸送於發育必須之處。下等植物中所謂麴黴黑黴等、即其類也。動物須此、則因其能助消化。如澱粉性本不溶於水、不能吸收。若有此種酵素、則變爲可溶之糖類、而能吸收之矣。故動物之唾液膵液中、含是最多。其外有曰馬爾多支者。能變葡萄糖爲麥芽糖。動植物中亦廣含之。其在麥芽中者與達斯多支同處、其能力雖不能分解澱粉、然可分解糊精。動物之唾液、膵液、小腸分泌液、血液、及筋肉中、皆含有之。黴類等下等植物亦爾。分解蛋白質之酵素、中又有三類。其一由哺乳動物胃中所生。曰培甫西恩。爲酸性液。其二曰屈黎甫西恩。在阿爾加里液中能力最强。其分解蛋白質之力、亦較第一種爲大。其三曰克摩西恩。則使蛋白質凝固者也。培甫西恩者、在動物胃中不爲原狀。乃胃壁膜中有能爲此之原質、名曰酵素原質。食物入胃、生刺激後乃由酵素原質成爲酵素培甫西恩、而消化之。其在弱酸液中、作用最佳。其酸爲有機酸與鹽酸均可。人胃中有少量鹽酸、故可助其作用。又其作用在攝氏三十七度時最強、至八十度則失能力。屈黎甫西恩分解蛋白質之力更強。非但分爲阿爾伯摩斯及百布頓即已、更能分之爲阿彌諾酸。其性遇酸不生作用。遇阿爾加里性作用乃甚良。膵臟中有其酵素原質。

第五章　消化及吸收

唾液

人之攝取食物也、先用消化器消化之、次吸收之、以養百體。其消化吸收之法如何、又吸收後之功用如何、今當細說。消化器始於口。食物入口、咀嚼之初、即由唾腺分泌唾液與之混和。咀嚼既碎、易於嚥下、乃於胃腸之中觸消化液、更行消化。人之齒部不完全者、咀嚼不足、故易生胃病。唾液之中有酵素、能使難溶之澱粉變麥芽糖、吸收於體內。故澱粉在口中即有幾分消化。又脂肪亦然。惟蛋白質毫無變化、直達胃內。

胃液

食物入胃後、胃之壁膜即分泌胃液。胃本由筋肉組成、能自在收縮、使胃液與食物相混、便於消化。胃液含鹽酸、有酸味。其主要作用在鹽酸與酵素共同分解食物中之蛋白質、使其中可溶性之百布頓、吸收於身體之組織內。胃液中亦有消化脂肪之酵素、但其作用不著。其外又有凝固蛋白質之酵素。小兒吐出之乳多凝固、即因是酵素之作用也。澱粉在口中略有變化後、至胃仍因唾液中酵素之力、經半小時、變爲糖類。至胃液中鹽酸雖漸多、然與之無涉。食物在胃經三四小時、所消化之蛋白質與糖類皆被吸收、其餘成粥狀、由胃之幽門入於腸內。

膵液及膽汁

在十二指腸處、由膵臟出膵液、肝臟泌

腸液

膽汁混和之。此二消化液、與胃液異、爲阿爾加里性。故此時培甫西恩已無作用。其膵液中有種種消化酵素。其主要者爲分解蛋白之屈黎甫西恩、分解脂肪之斯他甫西恩、與分解澱粉之阿彌魯甫西恩。屈黎甫西恩分解蛋白質之力更强。故在胃中分解而成之百布頓、更被分解爲阿彌諾酸。阿彌魯甫西恩之作用與唾液所含酵素相同、亦使澱粉成麥芽糖。斯他甫西恩分解脂肪爲格利臾林與脂肪酸。其次膽汁因爲阿爾加里性。故能變脂肪爲乳狀、爲膵液之助。腸中於膵液膽汁而外、另有腸液、由腸之粘膜泌出。其中亦有種種酵素、其主要者則爲屈黎甫西恩與阿彌魯西恩等。此外更有變麥芽糖爲葡萄糖之摩爾多支、變甘蔗糖爲果糖與葡萄糖之因波多支、變乳糖爲葡萄糖與迦羅克多斯之拉克多支等。腸中黴菌極多。多因附着飲食物而傳入。生飲食物黴菌之多、出人意外。

如井水一瓶、（約我國九合六勺餘）中有黴菌五個。經一日增其百倍、二日而爲一萬五百、三日而爲六萬七千、四日而爲三十一萬五千、五日而爲五十萬、可謂易繁殖矣。又蘭麥粉一格、（約二分六厘）中有黴菌二十萬。小麥粉一格中有三萬五千。玉蜀黍粉一格中有四千。是等黴菌除爲病原者外、多爲有益者。在腸中能分泌各種酵素、以助其消化也。

養分之吸收及同化

在胃腸消化吸收之養分、混淋巴液入於血管、遍達百體、爲血肉骨毛等。又其一部分解而排出體外。如蛋白質在體內分解爲尿素炭酸及水、脂肪與葡萄糖等但爲炭酸與水、斯皆不必要之物、故被排泄。即尿素與水分爲便溺、炭酸爲炭酸氣而外泄也。又水分亦可由皮膚與肺排泄之。至消化液所不溶者、則爲糞便。又食物中蛋白質固有不變而被吸收者。然其分解爲可溶之培甫西恩被吸收者尤多、是皆經過胃腸之粘膜、由其中細胞之動力、仍復元為蛋白質。脂肪亦本由消化液分解而被吸收、經腸粘膜後仍即復元為脂肪。惟澱粉變葡萄糖而被吸收。經胃腸、獨不復元。而入肝臟成格利柯肯以貯藏焉。至於必要之際則仍可變為葡萄糖。經腸粘膜而成之蛋白質與脂肪、遍運身體各部、構成組織、且補其缺損。然大部皆與由肺部輸入血液之酸素生起變化、即酸化分解為簡單之物也。如前所言、蛋白質分為尿素炭酸及水、脂肪葡萄糖皆分為炭酸與水、排泄體外。當其酸化分解之時、生熱與力。是即吾人之體溫與精力。其所以生熱與力者、蓋蛋白質與脂肪皆有工力也。此種工力、又有潛勢力與現勢力之別。蛋白質與脂肪仍其舊狀時、為潛勢力。及分解為簡單物、乃為現勢力、而現熱與力、人類生存之際、微論進食與否、其體中皆不絕分解蛋白質與脂肪。故不用食物補之、其為身體組織之蛋白脂肪必漸

體肉之分解

減損、而日瘦削、終至於死。又體中如是起分解作用者、因需有工力、能生運動官臟筋肉之力與體溫也。今若絕食、則體中所存格利柯肯先行分解、其次及於脂肪。脂肪之分解多、蛋白質之分解即減、因分解脂肪即可生熱與力也。然亦但減蛋白質之分解、非全不分解之、故終有俱盡之時也。

體肉之生成

反是充分攝取食物、分解其中蛋白質與脂肪、以維持生命、則體內可免於分解、且可生肉與脂肪、而使人肥滿焉。人之幼時、皆攝多量之蛋白質以生體肉。至於成人、食蛋白質雖多、然分解後貯於體內、亦不生體肉。是則充分發育以後、細胞不能分裂更增筋肉之故也。又含脂肪與炭水化物甚多之食物、有防止體內蛋白質之分解、而增體肉之效、此因分解脂肪與炭水化物、即足以生熱與力、更無須分解蛋白質也。故與蛋白質同時食脂肪炭水化物蛋白質、甚可為發育之用。又人生存時、體內脂肪雖不絕分解、然其必需不如蛋白質之分解。故食物中蛋白質甚多時、亦即止其分解。食物中之炭水化物與蛋白質、俱可生脂肪。至食物中阿彌度化合物、雖含窒素、然不能生體肉而防止體肉之分解、故無營養之效。蛋白質脂肪炭水化物三者分解、俱能生精力。如前所言、不進食物之時、體內格利柯肯先分解而爲力源。其次分解脂肪、最後分解蛋白質以爲力源。苟充分攝取食物、則其中成分皆爲力源、固不必取之體肉也。

第六章　食量之標準

食物之分量、視人之體量、職業、年齡、氣候之寒暖等而異。體量多者、勞働激烈者、年齡正壯者、乃至居於寒地者、皆須多量之養分。至境遇反是之人、則須養分亦較少。食量之過度與不足、皆有害於健康。故人不可不自注意以適度而止也。人於一日之間、究宜攝取幾多養分、乃足以維持健康。歷來學者、立說紛紜、莫衷一是。至今日之營養學說、研究頗精、略能為一定之標準。次即舉德國學者福伊特氏所定者、以為參攷。

福伊特氏之食量標準

	蛋白質	脂肪	炭水化物
一歲半之小兒	七錢五分	九錢九分	一兩九錢九分餘
十五歲以內之童子	一兩八錢	一兩一錢四分餘	八錢五分
普通勞働之婦人	二兩四錢五分	一兩一錢七分	十兩六錢四分
普通勞働之男子	三兩一錢四分	一兩一錢九分	十三兩三錢

此種標準、不過示其大略、未可拘為定式。如好脂肪者、可減炭水化物。好蛋白者、可減脂肪炭水化物。惟蛋白質之量、不宜更低耳。又以東方人士

與體量較多之德人較、亦覺此種標準量之爲過多。日本學者有據其國普通勞働之男子以定食量之標準者、錄之如次。我國人參酌乎此、更加實驗、可以定之。

蛋白質二兩五錢五分　脂肪五錢三分餘　炭水化物十二兩零二分

東西人民食量之比較

東方人通常食物與西人異、故其實際所攝養分之量、大有不同。今據日本學者所立比較表言之。

	蛋白質	脂肪	炭水化物
德人	三兩四錢八分餘	二兩五錢三分	八兩七錢
美人	二兩七錢六分	三兩三錢二分	十一兩二錢五分
日人	二兩二錢六分餘	四錢八分	十一兩零四分

由表觀之、歐人食物養分實際較東方人爲多、蓋其體量多也。其中脂肪與炭水化物之比例、東西人適相反。蓋東人多食米麥等含水炭素物、以爲發熱之材料。西人則攝濃厚脂肪、以爲體溫與精力之源也。一般歐美人皆食肉類等富於脂肪蛋白之濃厚食物。東方人反是、惟取淡泊之植物性食物、故脂肪蛋白均少、而炭水化物獨多也。

第七章　結説

蔬食易得養分

綜觀上說、爲人體營養之主要成分者、爲蛋白質脂肪與炭水化物之三種。人體機關組織之大部分、雖爲蛋白質。然諸機關之能盡其功用、使人生存、一依燃燒作用之力。其材則取諸炭水化物。至蛋白質、不過爲補繕諸機關之用、雖直接爲人生活力之源泉。如强之爲炭水化物之代、則一度燃燒之後、殘留灰燼、停滯體內、頗足爲諸機關活動之障礙。故食物之滋養成分、以炭水化物爲主而蛋白質猶屬其次也。炭水化物在體內營燃燒作用而有餘、亦可以一部分蓄積體內、備疾病侵害體組織時、變爲活力以相抵抗。故毫無所害。至蛋白質用之有餘、即須排泄於體外。是則非燃燒不可。其過勞血管與腎臟與遺留灰燼、皆屬難免。故食物之滋養成分中、炭水化物宜多、而蛋白質不宜多也。主肉食說者、於食物成分以蛋白質爲主、是猶昔日學者之說。此蓋惑乎人體構成分中蛋白質甚多而然。其於人生活力賴乎炭水化物之營燃燒作用、猶未見及。在今日實己成誣說、毫不足取。由今日之學說、則食物宜富炭水化物、而非蛋白質也。於是比較肉食品與蔬食品以觀之。肉食品俱富於蛋白質、而炭水化物多付闕如。（詳表見卷末）蔬食品則反是。富炭水化物既多。而富蛋白質者、亦足與肉食品相匹敵。（如大豆）、則於營養、孰宜孰否、不辨可知。又主肉食說者、謂肉食品皆具美味、可助消化。不知肉食品之有香味、亦屬蛋白質爲之。其味愈增、蛋白質愈多、其於營養、愈相背馳。且食物不可不咀嚼。肉食品稍經咀嚼、即失其味、蔬食品中多含澱粉、愈嚼而愈甘。故肉食品之味、純不自然、未可據爲優於蔬食品之證。至於脂肪、助炭水化物爲燃燒作用、且蓄積體內、令人肥滿、爲肉體之保護、節制體溫之放散、亦屬甚要。肉食品中雖富有之、而蔬食品如豆類等所含之量、亦不云少。且炭水化物之爲用有餘者、亦可成脂肪之形積蓄體內焉。由是言之、但肉食品爲營養必不足、（肉類概缺澱粉、獨食之得壞血病、其一證也。）但蔬食品爲營養則有餘。此蔬食說所以爲最完全者一也。

蔬食易得熱量

定食物之滋養價値、雖有種種標準。然今日營養學者所主張、則以食物所含熱量多少爲主眼。比較肉食品與蔬食品觀之。以一兩分量爲單位、牛肉熱量爲三九（其最肥者達五七然不常見）馬肉爲四二、羊肉爲四六豚肉爲一五二、雞卵爲六二、鯛鰈爲二一、鮪爲二八、鰛爲二三、鯖爲三一、鰮爲三四世人以爲最滋養之鰻則但四一而已至蔬菜之屬大豆熱量爲一五八、乾蘿蔔爲八七、乾瓢及菜豆爲一一三、蔬食品滋養價值之高於肉食品已可概見據第十三次萬國醫學會唐魯甫博士之報告人體需熱量三千七百加路利始可維持其體量。此就西人爲言西人之體量固與東方人異據福伊特氏所說歐人之體量平均爲七〇至七五瓩。（約我國一百十四斤左右）東方人之體量較差、約百斤左右則所需熱量較少故日本學者算定日人平均每日需熱量二千一百乃至四百加路利。（據營養學者摩立克氏所說人生每日所需熱量、體重一瓩而勞働者、四十乃至六十加路利乃足。在安靜時、但須三十五至四十加路利也。）則欲飲食物之能供給不缺、肉食品中但食牛肉、即須一斤有半。蔬食遠少於是。肉食品價昂難備、而所須分量反多。蔬食品價廉易致、所須分量又少。是但肉食品爲營養必不足、但蔬食品爲營養則有餘。此蔬食說所以爲最完全者二也。

蔬食適於消化

食物消化之遲速、頗與烹飪之法有關係。流動性之食物、消化皆速。固形物則反是。此外習慣之性、亦可左右之、如西人食麥粉消化速、而東人則較遲。是凡此皆與食物滋養價值無大交涉。觀肉食品之消化率、亦以蛋白質爲最高。蔬食品之消化率、則炭水化物爲最高。食物既重炭水化物、則二者孰有當於營養、昭然可辨。主張肉食說者、謂蔬食品多含纖維有礙消化。不知人體固有須乎不消化物。不消化物刺激腸壁、可使其爲吸收養分之蠕動、爲用極大。故日人高野太吉特創抵抗養生法、以麥飯爲主食品、而以富於不消化纖維之野菜副之焉。可知有纖維質、正蔬食品特優於肉食品之處、毫不足損其滋養價值。此蔬食說所以爲最完全者三也。

蔬食合乎人性

東方人食蔬食品、消化較西人爲易。是亦半由習慣。學者或就屍體剖解、比較腸之長度。以爲東方人之腸較長、故宜於蔬食。是說純屬皮相、不可拘泥。主張混食說者、以爲人胃大小、介乎草食獸與肉食獸之間、故當混食。立說之迂、正與是等。且使其說可信、則同一宜混食之腸、又何以有長短之別。要之、蔬食爲人之性、肉食爲人之習。矯習返性、其勢順。故西方本主肉食、而今之學者、羣起提倡蔬食、正合於理也。反性就習、其勢逆。故我國人素習蔬食、遺傳之性既數千年。如欲妄效西俗、多食肉類、固大不可也。德國爲歐洲之强邦、興國以來、獎勵肉食、習於奢侈。終至舉國少年、形容無一完整。著形於外者若是、影響於內者可知。是必反乎本性而然、不可爲上說之明證。乎此蔬食論所以爲最完全者四也。
肉食品之易傳染疾病、其事不待詳述。又肉食過多、必生胃癌之疾。其甚者、且至減損天年。觀德國人口之因肉食過度而減少、可見一斑。至於蔬食、非但不致招病、且能已疾、此今之研究食養論者所同許者也。其瑣細者不必言、即如數十年之腦病、常食粗米半載、並使體中鹽分不缺、即可治療、爲事實所常見。故俄之名人托爾斯泰嘗謂菜園爲其藥籠焉。此蔬食說所以爲最完全者五也。

蔬食可却疾病

但舉五端、蔬食論之完全、已毫無疑義、如更從國民經濟道德等言、亦非推尊蔬食不可。則從首章之說、蔬食明能維持健康生命、一無所礙、肉食正可以完全屏絕矣。

衛生新食譜下篇

琴仲編譯

各論

第一章　穀類

穀爲米、小麥、大麥、裸麥、燕麥、玉蜀黍、粟、黍、稗、蕎麥等之總稱。荒古原人、初惟取其自生之實而食之。及人智稍進、乃知播種於地、得十百倍之收穫。英語謂穀曰醯黎阿斯、即由司農女神醯婁斯一名轉化而成也。

穀類特長之處、首在便於貯藏。其他食物非密封罐內、或用鹽漬、但能於數時間乃至數週間新鮮不敗。若穀類之全熟者、十分乾燥之後、至少亦可保存十數年之久。舊約聖書載育叟甫爲埃及相、後嘗於七年豐登之間、貯穀倉庫以備飢饉。我國自古亦即有積穀備荒之制。是皆以穀類之可久藏也。復次、穀類猶有優於其他食物之處、即於少量之中、含有極多之營養分如小麥較同量之馬鈴薯所含血肉構成分多至五倍、燃料多至三倍。米亦與小麥相彷彿。又如糯、亦含養分較多、故昔日行軍常携之。

一　米

東亞諸國七八億之生民、皆賴米以生活。故視米爲食物中最重要者。

種類

米有糯米、有粳米。粳米之中、又有早稻、中稻、晚稻、旱稻等別。播種時期、視地寒煖略有上下。大概早稻於四月中旬下種。五月下旬挿秧、而於九月末收穫。中稻爲時較遲。自四月末至五月中下種、六月初挿秧、十月中收穫。晚稻更遲、四月末下種、至十月末始收穫。旱稻於五月中下種、麥間、無須更行挿秧。至於十月、即可收穫。收穫之量、雖較水稻爲多、但其味不甚佳。故種之者寡、而雖與水稻並言也。

製法

製米之法。刈稻之後、由稾取實、入臼舂去外殼。再用精米機、細製之、使成白色。即可食用。往昔惟富貴之家食用精製之米、自餘皆以食粗米及半舂之米爲常。今則恒人無不食精製者、此亦不可謂爲國家經濟及國民衛生上之進步。米中所含蛋白質多在糠內。去糠之精米、僅有澱粉質而已。

價額

東亞諸國產米之額、以今較昔、固不啻倍蓰。但地積有限。及乎開闢既盡、雖講求肥料耕作之法、略可增加收成之量。然欲仍冀昔日增加之比率、勢必有所不能。而人口之繁殖、則日加無已。故將來之米價、但有漸次騰貴之趨勢。即或有時低落、亦但偶然之事。蓋言物價之歷史、必比較當時其他物價及工價、且測通貨之購買力也。

產地

世界產米之地、除中國日本印度等國而外、歐洲南部意大利、西班牙、葡萄牙諸國亦產之。近時美國南部喀爾勒那、魯西安勒得、撒諸州、亦大行試種所產者極佳。喀爾勒那州之米、今且有世界第一之稱。東亞之米多爲橢圓形。意大利一帶、則近於圓。美國產者則極細長。美國嘗自東亞取種、播於其土。經一年後、即變爲細長之形。此雖與橘化爲枳同例、然並形體亦變之、誠有難解者矣。

米之主要成分、爲澱粉、蛋白質、與脂肪。皆極少。惟比較粗米白米觀之、粗米所含蛋白質脂肪纖維等猶較多。蓋粗米但去稃、所謂胚膜之薄膜猶在。此中即含脂肪與纖維甚多。胚膜之下端有所謂胚者、復多含蛋白質與脂肪也。如更舂之、胚與胚膜盡落、是即爲糠。所餘但有胚乳、則專由澱粉而成。精製白米、即指是言。故白米所含蛋白質脂肪纖維等、又較粗米爲少也。今分析粗米白米之成分、有如次表。

成分	水分	蛋白質	脂肪	炭水化物	纖維	灰分

粗米	一三·五〇	八·六〇	二·二〇	七三·四〇	一·〇〇	一·三〇
白米	一三·九一	七·七一	〇·七七	七六·七九	〇·二五	〇·五七

由上表觀之。粗米所含蛋白質脂肪雖較白米爲多、而纖維亦隨之增加、其消化未免較遜也。

品質

米之品質、通常有善惡之別。但亦由地方及人之嗜好而異其標準、非謂因化學的成分而判別也。自科學上言、良米多堅而重、惡米多輕而脆、是即良米富於剛性、搗時難碎、而惡米適與是相反也。由越南輸入之東京米蘭貢米等、多乏之剛性、而易碾碎。

富於剛性之米、概富蛋白質、故品質最佳。但如是辨別法、與實際習慣無大關係。據習慣但視察其外觀而已。是即混雜紅米者、光澤惡劣者、多碎米而米粒不齊者、皆判其爲下等品。又或嚼而味之、亦可判別。是皆難由科學解釋之也。

二　小麥

東亞諸國以米爲百穀之先、其次則數大麥。小麥一種、殆視爲無足重輕、今若統世界言之、穀類中更無如小麥之重要者。蓋除中國日本印度諸國而外、皆以小麥所製麪包爲常食、故歐美各國物品交易所之代表品、即爲小麥因其市價之高低、其餘物價皆蒙其影響、毫無異於我國之米價。世界產米之地有限。惟小麥一物、除極北苦寒之地而外、皆產之。就今日言、世界幾無不種小麥之處。若溯其播種之原地、或始於小亞細亞及埃及、而後傳播於世界各地也。

產地

美洲之種小麥、在哥侖布發見其地以後、然今世界最大之小麥產地、即屬美國。其生產額凡佔全世界總產額五分之一。由其國人口之數分配之、每人凡得二石一升。其數可謂甚巨。然美國之玉蜀黍與燕麥產額、又遠過於是焉。

小麥之種類不一。美國產者、即有三種。一曰春種小麥。於三四月間下種、至秋刈取。二曰冬種小麥。於十一月下種、翌夏收穫。三曰、馬迦魯尼小麥。與第一種相彷彿。三者非但播種時期有異、性質亦各不同。春種者較冬種所含蛋白質更多。顆粒堅硬、多出於密奈瑣達、特哥塔、默尼多伯等偏北之地、用以製麪包、最爲上品。冬種者含澱粉較多、故粒較柔。美國多用爲茶食品之原料。其馬迦魯尼一種、所含蛋白質較春種者更多。用作麪、包因最相宜。但美國主用以製馬迦魯尼。(麵類)此種小麥、在較乾之地其他小麥不能成長者、亦得種植。故近來美國種之極繁。

東亞諸國之小麥雖有美國所謂冬種之一種。然其粒甚細弱、爲粉、色不純白、味又惡劣。蓋收穫之時適當梅節、難以乾燥之故。東亞小麥非但味惡而已、其產額又不甚豐。故近來美國輸入之小麥粉、其額頗巨。

東亞之種小麥。別無可以注目之事。冬中農夫、手鍬以耕、握種而播、每距一尺即下種數十粒。或更使成直線、即所謂條播者。發芽以後、施肥二三次。至於夏中、即可刈取。其在美國、自蒔種以至於成粉、種種手續、在吾人視之、俱屬新奇可貴。其第一事、即在模規之大。凡小麥田、小者方數哀克(英畝名、約當華六畝。)大者方數十哩。舉目平眺、茫無涯際。較我國之以數畝爲極者、誠有霄壤之別也。其蒔種之法、視農場之大小、或用馬匹或用蒸汽力、耕動地土。若用馬數頭、以牽犁鋤、同時可成畦數條。若用蒸汽力、則可成畦八條乃至十條。至自動車鋤、十年前已經發明。用之、一時可成畦十五條。循直線進行、每日能行二十哩。途中日暮、即宿其內、待翌日更進。其農塲之廣大、可以想見。耕鋤土地之時、概在秋十月收穫之後。所耕之地、歷嚴冬以至來春、任其時受雨雪。直至蒔種之前、始復耕之。去草、碎土。其法用巨木加以鋼齒、動以馬匹、或蒸汽力、其形猶如A字焉。及土地大加整理以後、即行蒔種。小農塲仍用手播。大農塲則用似撒水器之機械、名㓨犂者、藉馬匹行動而播散之。大概一哀克之地、播種二斗二升六合餘。

美國之土地極肥、新墾之地無須施肥。但於旱歲、加以灌溉可已。此即由附近河川引水、流通畦間也。其土地稍歷歲月者、皆用輪種之法。如去載種小麥、今年則種玉蜀黍、其次則種牧草、其次則種野菜、至第五年復種小麥、週而復始、猶如循環。蓋植物皆由土中吸收養分以生以長、而所須各異。若於一地連種一種作物、則其不必要之養分仍存、而所須者將日竭無以爲繼也。故較舊之土地、於輪種而外、又必加以肥料。美國於舊農場、即用廄肥人造肥料、燐酸鹽、硝酸鹽、石灰格阿那等肥料也。

刈取小麥之器械、如我國農人所用之鐮刀、猶是古人遺制、而甚幼稚者。其加柄者、則較進步、可以免於傴僂。更進而於柄上分出數木枝、成直角形、可以齊整所刈之稾。然其單純猶自若。美國於四十年前、即發明一種稍複雜之機械、謂之刈取機械。能迅速刈稾、而自整理之。最近又發明一種收穫機。徐徐行動麥田之上、能切麥穗而自分其穀與穀殼、皆排出機外、而穀則藏入袋中焉。

裝袋之小麥、多運送於鐵道旁之大倉庫、以備輸出他處。收藏之時、有任檢查之事者、細評其品質、別其等級、以類相從、分置各處。其最上等者、謂之春種A字第一號。美國最大之小麥市場、爲芝加哥、彌奈頗里、及度魯斯三地。

小麥賣於商人、即製之爲粉末。其法後詳。今先言其粒之組織。試剖而觀之。中心爲澱粉塊、其四周爲能萌芽之部分、再外爲蛋白質。其在最外部者、則由礦物質構成之外皮也。外皮爲保護麥粒之用、而蛋白與澱粉則萌芽未由地中吸收養分以前之肥料也。麥粒雖微、然已有種種之要素。人之取爲食物者、注重於其澱粉與蛋白、而蛋白尤要焉。研小麥爲粉、即但餘此二要素。其餘廢物、淘汰皆盡。人之食小麥粉、多喜其純白。然蛋白質多、必畧帶褐色。其成純白者、乃富澱粉之證。言具營養、實較遜也。

製小麥粉最粗淺之方法、穿石爲臼、用杵舂之。今之文化未開之民族、猶盛行之。若用磨臼、較爲進步。世界各國大都採用。其法疊厚而圓之石板二。於上板穿孔、灌入小麥、挽而轉之。二石相切之面、皆作齒紋。故旋轉時、小麥成粉。因遠心力向外而行、遂於石隙落於容器。又石外方密着、故粉自能漸細。取磨成之粉、更篩之、穀糟俱去、即成製麵包之原料。挽磨初用人力、繼用牛馬之力、乃至風力水力。今日更用汽力電力。然其法仍不完全。舉其缺點、凡有數種。因磨石之漸損、而粉中雜有石屑、其一也。小麥爲粉之先、不能十分清潔之、其二也。因磨擦而起熱、每有害於小麥粉、其三也。小麥每不能完全粉碎、其四也。

最近美國始發明完全之法、可以彌諸缺憾。即由輪轉機壓榨小麥成粉。大製麥粉塲皆用之。其機用鋼鐵或陶器製成。凡有數對。其最初者但粗碎之、以次漸細。

此外復發明一種製粉之機械。由鋼製圓板二個合成。內面鏤齒紋、相反而轉。上板亦穿孔納麥、無異挽臼。然用電氣蒸汽之動力、旋轉極急。一瞬之間、即由底部排出精良麥粉。澱粉脆弱、極易碾碎、外包之蛋白、則爲橡膠質、難使成粉。故用輪轉機碾小麥、其最初所成之粉、但屬澱粉。蛋白猶在篩餘之粗粉中。故必再經碾轉至七八次、蛋白始大概成粉。而最後所餘之糟、所含養分仍多。不過人胃難以消化、以爲家畜家禽之食料、始甚富滋養力耳。

作小麥粉一桶、須小麥四嘝半。（每嘝合中國三斗有半）其重量爲二百七十磅。通謂其中二百磅爲粉、所餘七十磅爲糟及其他廢物。然實際一桶小麥粉但有一百九十六磅、而非二百磅。其糟等廢物、則爲七十磅。所餘四磅、復爲何物。業此者與學者、極力研究、迄未明其原因。但名之曰消耗而已。

世界小麥粉之中心市場、爲美國之彌奈頗里。其地每年製造之小麥粉在數百萬桶以上。蓋爲麵包原料之春種小麥粉、主在彌奈頗里及達魯斯二地製造。供雜用之各種小麥粉、則在聖路易製造。美國每年輸出歐洲諸國之小麥粉、其額頗巨。又小麥輸出亦甚多。此則多在法國及和蘭水車塲製之爲粉。

製粉塲中包裝麥粉之法、凡有三種。第一用紙袋、第二用布袋、第三用桶。裝紙袋者、供國內小店販賣之用。裝木桶者、輸送國內他處之用。至裝於麻布袋、則多用以輸出海外、因其堆積船內佔地較少也。

世界產小麥之地、首推美國。其次則爲俄、墺、南美、澳洲、印度及埃及等處。產額均甚豐富。供給國內而外、猶有多額之輸出。

麥粉用途

小麥粉可以爲麵、爲饅首、爲茶食品之原料。其用途較其他穀類爲廣。然其主要用途、則爲麵包之原料。小麥必製粉始可用。世人無以如大麥裸麥之混米糞食者。有之、亦但爲家禽家畜之飼料、人因缺粒食之習慣。亦可謂奇事也。

麵包

小麥所製麵包、有加麵包種與不加之二類。不加麵包種者、即是不膨脹之麵包。而如餅乾、加以砂糖、鹽、牛乳、鷄卵等。其質極硬。咀嚼甚難。然富於養分、且適合牙齒之衛生。其膨脹之麪包、即加麵包種於小麥粉製成。麪包種加熱、本可成汽散於空中、然爲小麥中如橡膠之蛋白質所礙、不得自由發散、遂使小麥粉膨脹。

從麪包之顏色言、有白麪包黑麪包之別。白者用小麥粉製成、而黑者用大麥粉、小麥粉之麵包中、又有極白與略帶褐色之二種。前者多澱粉、而後者富蛋白。蓋純白之小麥粉、由第一次壓榨而得、幾全爲澱粉。其帶褐色者、則爲第二三次所得之粉。含蛋白較多也。歐美人多好白麪包、亦猶我國人之喜白米。自營養上言、實黑色及帶褐色者爲佳也。

法國所製麪包爲世界中最佳者。其中多加牛乳、或更益以乳酪。其形或大、或圓、或橢圓、種種不一。惟英美所食者、則形量大概有一定。

麪包中成分、一半爲水、營養分僅其餘一半而已。更分解營養分觀之、大半爲體內之燃料。其次則有爲血肉之部分、與極少量之鑛物質。脂肪一種、殆全無之。故加乳酪於麪包食之、非徒其味更甘、亦大有益於營養也。

小麥之營養分、各種微有不同。大概東亞所產者、與歐美所產者所含諸質如次表。

成分	水	蛋白質	脂肪	澱粉糖分纖維等	灰分
東亞產	一二·三八	九·五〇	一·五六	七四·六三	一·九三
歐美產	一三·五六	一二·四二	一·七〇	七〇·五五	一·七九

人或謂麪包乃小麥之去糟粕而但留有效部分、故營養分頗富。此實大誤。小麥之製爲粉、營養分失去不少。如其糟粕、即殘餘其養分。又以俗謂最上之白色小麥粉製爲麪包、其營養分亦即較小麥爲劣。然人但食麪包與牛乳固可生存也。

三　大麥

大麥爲一切穀類中最古者。有史以來、即有其記載。在舊約聖書時代、種植之品即以大麥爲主。如彼純淑之婦人曰魯支者、拾集落穗、即大麥是。今日農夫收穫以後、婦孺皆以集落穗爲事。殆爲世界之通俗。在我國尤以此爲美德而獎勵一般婦孺焉。

產地

此地球上除極北窮南之地而外、微論氣候如何、皆可種植大麥。一切植物在華氏四十二度以下之氣候、不能生長、但一年中有較此溫煖氣候數週連續之地、即可發育。故北緯七十餘度一帶、大麥猶甚多也。大麥於秋末冬初下種、至翌夏可以收穫。通常有所謂黑穗麥病者、一行蔓延、收成即減。此蓋一種黴菌、往往附着種子之故。播種之前、必須十分消毒。據美國農事試驗場之試驗、用華氏一百三十二度以上之溫湯浸之、十五分時、黴菌卽可死滅。東方通行之法、則於小暑後混二升左右之木灰於四五升之熱湯中。取其澄清之汁、浸入種子。經半月、鋪於席上、乾燥之。始貯藏以待播種時之用。

耕種法

播種之法、有散播、有條播、有點播。美國行大農制度、皆用散播。我國則通行點播。其法三百步見方之地、須用種子三升五合乃至五六升。出芽後至春分頃、施肥三四次。廐肥、油粕、豆粕、糠、人糞、魚肥等咸宜。

用途

大麥用法與小麥異。通常整粒食之。麥飯卽混合米與大麥（有時爲稞麥）製成者也。然大麥最廣之用途、在爲麴及麥酒之原料。製麴之法、略浸大麥於水、置之溫度甚高之室內、因水分及溫熱、大麥即行發芽、而所含澱粉變爲糖分。再乾燥之、取去其芽、以飼家畜。所餘麥粒、或壓碎之、或研爲粉、作種種食物。如製麥酒、即混水以溶解其中之糖分、再加發酵素、使之發酵。糖分即變爲酒精。

分析大麥之成分、水爲一四．〇四、蛋白質爲一〇．〇八、脂肪爲二．三一、水酸炭素混合物爲六四．四五五、纖維爲六．六五、灰分爲二．四六五。其中蛋白質較小麥爲少、而較米則甚多。

嘗就兵士爲米飯、米麥飯、麥飯、麪包四種消化率比較之試驗、即令分食四種、而俱以魚肉野菜等爲副食物也。所得成績如次。

米麥消化率之比較	成分
	蛋白質
	炭水化物

米飯	八三·八	九八·五
米麥飯	七二·六	九六·九
麥飯	六一·二	八七·九
麪包	八一·二	九六·八

其中消化最佳者、為米飯。其次為麪包、又次為米麥飯、而麥飯最劣。世人恒以為麥飯較米飯消化更良。其實大誤。麥飯之水分較多、易覺空腹。又麥較米多纖維、刺激消化器、容易排泄。故人多以為易消化也。

麥飯所含蛋白脂肪、較米飯為多。但營養與味、皆不及米飯。惟易通過消化器、故不甚運動者、食之頗宜。又食麥飯而患脚氣病者、較食米飯者為少。故罹此種病者、亦以食麥飯為優也。

四 裸麥

種法　裸麥乃大麥之別種、故播種施肥諸法、一與大麥無異。其所以不與大麥爲一者、蓋不包外殼、全體裸出、故名之曰裸麥。

用途　裸麥用法、與大麥無大差異。亦可雜米炊之。其外爲醬、醬油、麩等原料亦可。但其粉和水、粘力不强、故不適爲麪包。且其味劣、易生酸臭。

成分　析其成分、水一三·九五。蛋白質一一·二〇。脂肪一·一三。水酸炭素抱合物六六·二〇。纖維三·〇〇。灰分一·〇〇。所含蛋白之量、較小麥爲少。而較大麥則無遜色。

五　燕麥

產地　燕麥之種植、遍於世界。美國產之尤多。我國但以爲馬糧、鷄餌。人不知食之。故生產額極微。

用途　英美人於晨餐喜食燕麥粉、加牛乳與砂糖而食之。今更不碾爲粉、但壓碎之、爲用尤廣。麥粥本最富於滋養、歐美平民皆視爲最廉之食物。我國亦多食之。

成分

燕麥成分。水一三·三〇。蛋白質一一·〇〇。脂肪六·〇〇。水酸炭素抱合物五四·〇〇。纖維一〇·〇〇。灰分三·〇〇。觀此可知燕麥之富於滋養分也。

六 玉蜀黍

我國之有玉蜀黍、爲時甚古。歐人於哥侖布發見美洲時、猶不知有此物。至英人移植美國後、經相當之歲月、始盛栽之。至於今日、其收穫之量與價額、皆較小麥爲多。蓋占百穀之主位焉。

形狀

玉蜀黍與稻麥等同屬禾本科、惟其形狀特異。稻麥等皆於細弱之莖上、着一小穗。玉蜀黍之莖幹則極堅强。上端有花、中藏實三四。外皆包皮數重端有赤鬚。此即其雄花。其中之實、乃其雌花。雄花之花粉更懸赤鬚之上。即由赤鬚送達內部而結實焉。

種類

玉蜀黍亦有早、中、晚、三種。由顏色言、復有赤、黃、白、黑、之別。美國別之爲三種。曰斯脫穀。富糖分、與水生食、煮食皆可。曰僕迫穀。遇熱有潮濕之性質。曰斐特穀。熟後碎爲粉。取其澱粉及葡萄糖、製酒精。美國所種玉蜀黍十九皆爲此種。

種法

種玉蜀黍須肥料較少、亦不擇地。於四月下旬至五月中、耕地爲廣二尺左右之畦。以一尺四五寸之距離、播種。每三百步、播種三四升爲度。至八九月間、即可收穫二石五六斗之多。

用途

我國種玉蜀黍、但知煮食、未盡其用。產額因亦不多。美國玉蜀黍用途之廣、其他穀物無與敵者。或碾之、壓之、煮爲薄粥、作晨餐用。或磨作細粉、爲黍食品之用、或取其澱粉葡萄糖、作酒精之原料。又或由芽取油為石鹹等之材料、及橡膠之代用。蓋玉蜀黍不但實之有用、其他各部皆可製造用物也。如取去其實所餘白心、乾燥之後、即為上等之燃料。每三噸、可敵上等石炭一噸。其灰又可造苛性鉀。其皮與莖、則可為紙及織物之原料。皮又可代藁或鬃之用、作墊褥之心。又其莖髓之為海棉狀者、有含水即脹之性質。故塞於軍艦外壁之間、遇砲擊洞穿外壁時、即觸水膨脹、滿填其孔。故玉蜀黍、可謂無無用之部分也。

更論其成分。水一九・二七。蛋白質一一・三三。脂肪四・二五。澱粉五九・七一。無窒素物一・九五。纖維二・〇三。灰分〇・八七。其中蛋白質較大小麥少、而較米多。所含脂肪之比例、則諸穀無及之者、

七　蕎麥

成分

種法 蕎麥微論地之肥瘠皆能繁盛。且自播種至收穫之時期甚短。即自七八月間下種、至十月末即可收穫。

用途 蕎麥碎爲粉、或以作麵類、或爲茶食品之原料、或煑爲粥。此外別無用途。歐美諸國、則但以作茶食品而已。

成分 其成分、水一三・〇〇。蛋白一五・二〇。脂肪三・四〇。水酸炭素抱合物六三・六〇。纖維二・二〇。灰分二・三〇。故其滋養、與小麥不相上下。然其消化不甚良。其作麪類之形者、非飽和以唾液、不能消化。故腸弱者以不食爲宜。

八　粟

種法 粟有早熟、晚熟兩種。又有粳糯之區別。糯粟富於粘力、適於作餅。早熟者、四五月間播種、秋中即可收穫。晚熟者、六七月間播種、秋末乃可收穫、播種出芽後。其密集部須疏拔之。再用堆肥。人糞、油粕、木灰等肥料、一二三次卽可。其播種法、每三百步見方、約用種子七八合。粟之特長、在不擇地、且可久藏。故爲備荒要物。

用途　昔日農人多食粟飯稗飯、今則漸稀。粟混米炊食而外、亦可爲餅餌、酒飴。用途頗廣。

成分　其成分。水一三．〇五。蛋白質一一．〇四。脂肪三．〇三。無窒素物五七．四二。纖維一．〇四。灰分三．〇五。所含蛋白質之比例、亦不可謂少也。

九　高粱　附黍

種法　高粱之莖甚高、自六七尺達於丈許。其端結實一團。三月初播種苗床。及長五六寸、更移植田中。無須施肥。至九月中、實成熟、切取其上端、用連枷打落之。去殼、研粉、爲餅餌之屬。

此外有黍與稻麥同大、亦於端着穗、穗中結實。三四月間播種、六七月間刈取。今人多以與高粱相混、統謂之黍。其實形性皆大有別。

成分　高粱之成分未詳。黍之成分為水一二·〇〇、蛋白質八·二〇、脂肪四·二〇、水酸炭素化合物七〇·六〇、纖維三·二〇、灰分一·七〇。

十　稗

種法　稗有水旱兩種。其苗似稻、極難辨別。其質為穀類中最下等。然猶有農民雜米炊食、或作酒飴者。種植之亦不擇地、無須肥料。五月末下種、九月收穫。

成分　其成分為水一三·〇〇、蛋白質一一·七八、脂肪三·〇三八、無窒素物五三·〇〇、纖維一四·七五、灰分四·三五。

第二章　豆類

豆類有大豆、小豆、豌豆、蠶豆、菜豆、豇豆、鵲豆、刀豆、落花生等。其中菜豆與豌豆有白美法諸國輸入之別種。實亦無大差異。豆類最富於蛋白質、達於百分之三十七以上。故甚滋養。但消化不及米麥。

一　大豆

種類

大豆以色分別、有青白黃黑等種。其形亦有扁平圓橢圓之異。又就收穫之時期言、復有早中晚熟三類。

種法

大豆雖不擇地而生、然在潮濕之地、尤較乾燥之地爲美。早熟者、四月初播種。晚熟者、六月初播種。每方三百步、約須種子五六升。肥料用燐酸苛性鉀、石灰等物。如用窒素肥料、即茂而不實。我國滿洲一帶、產額甚豐。輸出海外、居其大宗。如日本所製豆腐、即多用滿洲輸出之大豆爲原料。惜其品質不甚佳耳。

用途 大豆或煑而食之、或用為醬醬油之原料、又或用作豆腐、豆腐皮、豆豉、黃粉等。其用頗多。我國視為次於米麥之必要食品。

成分 其成分視種類略有差異。然其富蛋白而缺澱粉、則大概相同。故以米飯為主食物、助以煑豆及醬汁、為我國人最合之食物。

豆豉 大豆所製醬醬油豆腐等、均詳於章末。今先略言製豆豉之法。煑熟大豆、載之藁內、納於窖中、經夜即生粘膩薄衣、而成豆豉。是蓋由豆豉菌之作用、分解大豆之蛋白質、而成百布頓與阿彌特。故豆豉之蛋白質消化吸收極速。其豆豉菌亦於人體無害。且含消化液中、因有酸素、乃大有助於消化云。

二　小豆

稱法 小豆有赤黑二種。其中又有早熟晚熟之別。此外更有綠色小粒者、謂之萊豆早熟者、三四月間下種。晚熟者、六月末下種。萊豆則於四六八月皆可播之。

用途

小豆之用途、無大豆之廣。惟與米俱炊成赤飯、或用作餡。爲美味且富滋養之食物。其產地以東亞諸國爲主、歐美殆鮮見之。

三　蠶豆

蠶豆之粒、大小不同。惟其種則一。十月十一月間、播種、至翌年五月成熟。

種法

其播種之法、耕地爲畦、廣二尺左右。每間一尺、則下種三四粒。肥地無須施肥、瘠地則入春施肥三四次爲佳。四月頃開花、至十一二層、即宜摘芽。其實乾燥後、可以久藏不壞。煮煎而食、或製餅餡、均可。尤以未乾燥前煮食、爲味最美。

四　豌豆

種類及其用途 豌豆有早中晚熟之三類。又有莢豌豆者有未熟前食莢、與熟後食實之別。歐美諸國於其未熟時、去莢取實鹽而食之視爲珍品。每年由人力於室內栽培之不絕。

種法 通常於十月十一月之間、播種。至翌年二月、耕鬆根土、施以肥料。其爲蔓性者、用竹木支之。及五六月間、採取其實。

五　菉豆

種類 菉豆有純白者、有帶淡紅斑紋者。前者味美、而後者惡劣。又有蔓生者、小莢者、巨莢者。

用途 皆自四月至六月播種。嫩時食莢、熟後食實。

六　豇豆

種類 豇豆形似小豆而略大。色有紅青白三種。紅者尤普通。或蔓生、或否。其早晚熟亦有別。早熟者四月末播種、七月成熟。晚熟者六月末播種、九月收

成分

穫。其成分與小豆相彷彿。

七 刀豆

形狀

刀豆爲豆類中最巨者。其莢長有至一尺四五寸、而廣一寸二三分者。通常者莢長三四寸、廣約半寸。每一莢中、有實三四粒。莢嫩時可鹽漬之。熟則有種種烹飪之法。以醬油與砂糖煑食、其味最美。但收穫之量少。收支

用途

不能相抵、故栽者甚少。其花有紅白二種、形似蛺蝶、頗爲美觀。故有兼爲觀賞而栽之者。

八 鵲豆

種法

鵲豆亦與菜豆豇豆等同。自四月末至五月終皆可播種。七八月間可以

用途

收穫。多食其莢。因其隨地可生、不須肥料。故多栽之墻根。其花亦有紅白二種。白者結質較多、味亦較美。

稱法

用途

九 落花生

落花生亦如其他豆類之蔓生、而枝上無莢。於土下一二寸許、有如球根之實。莢形如繭、中藏實二三粒。

落花生於五月中播種、十一月間成熟。栽於砂地最適。堅實之粘土地則不相宜。其用途頗廣、通常炒而食之、或磨而取其油。美國用之製人造乳酪、塗於麪包食之、頗佳。

十 豆類成分分析表

各種豆類之成分如下表。

	水分	蛋白質	脂肪	無窒素物	纖維	灰分
大豆	一一.四一	三六.〇四	一六.五九	二七.二一	三.九五	四.八一
小豆	一七.〇〇	二二.九七	〇.三八	五一.六一	四.四四	三.五四

豌豆	一四.九三	二三.六九	〇.五六	五一.〇三	七.三〇	二.四九
蠶豆	一五.七六	二八.八八	一.二九	四九.七四	一.二二	三.一一
菉豆	一七.五一	二〇.三〇	一.〇七	五三.一九	四.四六	三.四七
豇豆	一五.二一	二二.七七	三.二八	五七.三二	一.二七	一.三六
落花生	六.九五	二七.六五	四五.八〇	一六.七五	二.二一	二.六八

觀表可知、豆類雖俱含多量之蛋白質、而落花生含脂肪亦甚多。至含蛋白質最多者、當推大豆。豆既並含蛋白與脂肪、故以製豆腐、腐皮、豆豉、醬油等食品、亦皆富於滋養分也。

十一　豆類製品

豆類製品多爲人生日用必須之食品、故附釋之、此又有三。

醬油製法

(一)醬油　製醬油可不拘季節、特在秋冬之交尤爲相宜、先煮大豆至極熟。別炒小麥、粗磨爲屑、拌入豆內、置於密室、經四五日、即成一種麴。再裝入大桶、投以鹽水、(使遽沸騰、更行冷却。)極力攪拌。經數月後、榨去其滓、溫熱其汁數日、即爲可用之醬油。東亞人皆視醬油爲日常不可缺之物品。歐美人則無知其用法者。若其知之、必能悟其便利、而盛購用。此亦貿易家可注意之點也。

成分

醬油之成分中水六四．八三。蛋白質八．四一。澱粉四．五六。糖四．四四。醋酸〇．一六。灰分一四．六六。其富於滋養分可見。故用醬油煮物、較用鹽糖添味者、更合於營養。

醬

(二)醬　醬之種類甚多。有赤醬、有白醬、赤醬之中、又有甘鹹之別。且因地方而各有其風味。

製法

言其普通製法。赤醬先煮大豆、雜鹽與大麥麴、善攪拌之、入於桶內、靜置之、自成醬。約須時一週。然其新者非經一月以上不能成一品。白醬先蒸大豆、舂碎之、加以麴鹽及白水、入桶內蓋之、經夜即成。

成分

製醬之主材料爲大豆及麥、故含蛋白質甚多、亦爲食品中最富滋養者。其赤醬較白醬尤爲養人。白醬之成分、百分中蛋白質一三・八。脂肪二一八。含水炭素二四・八。赤醬成分、百分中蛋白質一一五・四。脂肪五・九。含水炭素一一・三。

豆腐製法

(三)豆腐　我國製豆腐之法頗優。先浸大豆於水中。數時間後、入臼舂碎、更煑之、加以少許花油。入袋絞乾、再加鹽滷汁於其槽內拌之。用四方而有小孔之箱、底鋪棉布、傾糟其中、壓之。數時間後即成。

成分及其消化率

豆腐之成分中、水八八・五九。蛋白質五・九三。脂肪三・一五。纖維一・八九。灰分〇・五二。蓋含蛋白脂肪、而缺澱粉。又諸成分之消化率、蛋白質八九二。脂肪九五三。炭水化合物九八・二。可知其消化又甚佳。實吾人可貴之食品、而足代肉類者也。

製品

凍豆腐

豆腐之製品又有數種。凍豆腐乃寒夜薄切豆腐、置之水內、使之氷結。堅鬆取出、曝乾之。其成分中水一八・七五。蛋白質四八・八〇。脂肪二八・八〇。水酸炭素抱合物二一・〇五。灰分一・六〇。蓋但由豆腐中取去多量水分。其滋養之效殆無所異。然其消化則較劣也。

油豆腐

油豆腐乃薄切豆腐、用麻油或菜油煎之而成。其成分、蛋白質二二・九。脂肪一一・八七。含水炭素〇・四。較豆腐含水分爲少、而脂肪則多、蛋白質無大差。其消化亦較劣。

豆腐皮

豆腐皮製法、與豆腐彷彿。先浸大豆於水、更磨碎之、煮其汁。用竹箆掠取上浮之薄膜、曝乾即成。其成分水二三・八五。蛋白質五一・五九。脂肪一五·六二。無窒素物六·六五。纖維〇·四六。灰分一·八三。所含養分、竟足匹敵浮於牛乳表面之酪素。惜其消化不及豆腐耳。

豆腐渣一曰雪花菜。人多以其為豆腐之渣滓、無何等滋養之效。其實不然。豆腐絞餘之養分、皆在其內。故其成分、水八五·六六。蛋白質三·六六脂肪〇·八四。澱粉〇·二六。無窒素物三二一七。纖維一·八九。灰分〇·五九。所含養分之多、野菜中猶有不能及者。況賁食之際、又加以醬油野菜等物、詎可謂之不良食品。又其中諸成分之消化、舉蛋白質七八·七。脂肪八四·三。炭水化合物八二·八。亦較豆腐為劣。

第三章　葉菜類

野菜所含蛋白澱粉脂肪等營養分、雖無穀類豆類之富。然纖維甚多、促腸之蠕動、大有通便之效。且其中或含鐵分、或含種種芳香與刺戟劑、又可清新血液、且助其循環。故為人生一日不可缺之食品。世人不肉食猶無礙、若缺野菜、則罹壞血病、其死亡可立待也。
馬鈴薯等球根類、較能久藏而輸送遠地。至葉菜類則否。數日之後、即見萎縮。非栽培於左近、不可得食。故通都大邑附近曠野、栽培野菜、為一切農業中最有利之事。今之紐約、倫敦、巴黎、柏林等周圍農民、蓋皆從事於此也。

菜

種類　菜之種類極多。有水菜、葉甚細。有芥菜、葉味甘。由其種取芥子。有白菜、葉甚肥。其味甚美。其餘諸種、不可縷述。

栽法　播種時期、概在九月中。至十二月採收。亦有至春間始摘取者。其成分、皆無大差異。

二 甘藍

栽法 甘藍種自美國輸入。其栽培法。第一期二三月間播種苗床。第二期則在五月間。第三期則在八月間。及發芽寸許、乃行移植。其後二三週間、復移植數次。始栽之本田。移植之次數如不足、葉即展開而不爲球。第一期播種者、六七月間採取。第二期在十一月後。第三期則在翌春三四月間。其

成分 成分與普通菜無大異。

三 花野菜

栽法 花野菜由甘藍變化而成。採食其花。亦爲美種。栽培之法較難。播種時期有四月、五月、九月三期。其採取期因亦別爲八月、十一月、翌年四月之三種。初亦播種苗床。無須頻頻移植。惟九月播種者、發芽之後、即暫移植溫床。至翌年三月、再移本田。其四月播種者、則六月移本田。移植後施肥二

三次。善整其下葉後、更須包裹其花。

四　萵苣

種類及栽法

萵苣有球萵苣與高萵苣之二種。球萵苣近由美國輸入。葉柔而味美。歐美多生食之。如十月末播種、翌春四五月間採取。如三四月播種、夏中採取。如八九月間播種、則入冬採取。此亦與甘藍同。先播種苗床、發芽後再移植。但移一次即足。

高萵苣爲我國本有之種。成長後、採食其葉。栽培法與球萵苣彷彿。九十月間播種、翌年四月間即可採取。

五　波稜菜

栽法

波稜菜一曰菠菜。我國人素不重視之。在歐美甚以爲可貴。早播者、三四月間下種、五六月間採取。遲播者、八九月間下種、自十一月至於翌春採

成分　取所含養分、在野菜中可謂較多。

六　芹

栽法　芹在我國多自生於水濱。歐美殆無其物。人工栽培之、亦可生長、但高而柔香味大遜。栽培法、先作秧田、植根其中。至六月間、大繁滋。乃掘出切小之。細莖散布於水田。即由其根、更出新芽。過十一月至於翌春、皆可採取。

七　鴨兒芹

栽法　鴨兒芹亦爲隨處滋生之野菜。歐美乃無之。栽培法、於六月中播種。發芽後、施肥二三次。及其長成、乃覆以土。僅使葉頭露出。即可摘取白柔之莖。其播種期在六月、採取期在翌春。是爲普通栽法。如用溫床栽培法、則年內可以採取。其法搆溫室一、使保一定溫度。納肥土其中、而植鴨兒芹之根。更覆土擁滿。約三週後、去之。使透射不甚強烈之日光。如是白莖略帶顏色、柔軟而味極佳。

八　獨活

栽法 獨活遍生山野。亦爲歐美所無。其柔莖可食。野生者富芳香、而莖短。可用之部頗少。必播種分根、加以人工栽培。其法三月中播種、發芽後二三月移本田。至第三年九月間再移於曾施堆肥馬糞腐蝕土之處。復加肥料。用土覆之。其分根宜在八九月。亦用同法爲之。至其年冬季、即可採取。

九　款冬

栽法 款冬亦野生。其葉如蕗。其莖如竹。栽法、擇陰濕之地、鋪堆肥腐蝕土。等切根二三寸栽之。至翌年五月頃、即可採取。

十　筍

用途 竹爲東亞之特產物、故筍亦唯東亞有之。筍根及過老者、纖維太多、不一消化。其柔者用爲食物、極佳。

十一　葱

葱宜栽於柔軟而肥沃之濕地。春秋二季、皆可播種。春種者、三月初下種苗床。八九月間、移植本田。冬中可採取。秋種者十月間下種苗床。翌年五六月間移植本田。自夏至秋、可以採食。如欲多長白根、可掘土爲深一尺左右之溝。植葱苗於一邊、堆土於根、約高五分許。施以人肥腐土糠等。再自五分迄於一寸、掩土數次。施以相當肥料。其覆土之部、遂皆成白根。球葱由歐美輸入。近惟我國日本及美國太平洋岸栽之。播種移植諸法、與上述無大異。栽葱有當注意者、即弗連續栽植、而每年必變換其地也。

十二　葉菜成分分析表

葉菜類之成分如次表。

	水分	蛋白質	脂肪	炭水化物	纖維	灰分
白菜	九五.八九	一.二六	〇.〇八	〇.〇八		〇.五九
甘藍	八五.八九	二.八七	〇.二一	八.二八	一.六八	一.二七
菠薐	九三.九一	二.三〇	〇.二七	一.六五	〇.五七	一.三〇
芹	九三.六〇	〇.四〇	〇.一三	三.二二		一.〇四
款冬	九五.六〇	〇.四〇	〇.〇四	二.七一	〇.七一	〇.五二
筍	九〇.二六	一.八二	〇.一二	五.六四	一.四二	〇.七四
葱	九二.六三	一.四七	〇.〇七	四.三三	一.〇六	〇.四一
薇	六.三〇	二〇.二六	〇.四九	四一.九六	二〇.二五	一〇.七四
蕨	九一.二八	二.〇一	〇.一三	一.四一	二.二七	一.一八
土當歸	九五.二〇	一.四七	〇.〇七	四.三三	一.〇六	〇.四一

觀表可知葉菜類皆富於水分、而缺其他養分。如炭水化物等、即遠不及根菜之多。其他蛋白脂肪澱粉等、則較其他食物所含之量至微。而纖維則獨多。故常食之過多、不免瘦弱。

第四章　根菜類

一　馬鈴薯

起源 馬鈴薯本惟美洲印第安人種之。哥侖布未曾發見美洲之前、歐人猶不知有此物。其輸入東亞、由於爪哇荷人之海運。故今日人猶名之曰迦迦達羅薯。迦迦達羅者、爪哇之地名也。

栽法 馬鈴薯有早、中、晚熟之別。其色純白與帶紅色、又有異。自三月至五月間下種、則於六月後採收。八月間下種、則十一月間採收。土宜砂地。粘土質地則不合。種時先施肥於土地、薄覆土其上、再下種。發芽後、須更施肥二

用途

三次。並須耕土使柔輭。

歐美人之主食品惟麪包馬鈴薯與肉。蓋不能一日離馬鈴薯也。愛爾蘭人嗜之尤甚。其烹法有壓碎用牛酪或牛乳煉製者。有細切而用脂肪煎之者。有蒸之者。此外亦可取其澱粉爲威斯克酒之原料。其用途殆不能盡舉。我國但知煑爲飯之副食物、其他烹法、多不能知、殊爲可憾。蓋馬鈴薯於米穀不登之砂地亦可繁殖、苟諳其製法、食用必日廣、而可減米麥之需要。其有裨於國家經濟者殊大也。

二 甘藷

甘藷與馬鈴薯相反。我國盛栽培之、食用頗廣、歐美則視之不若馬鈴薯之可貴。甘藷隨產地而味有差異。或水分較少、味似栗。或水分多、味不甚佳。其色有赤白二種、與其味無關係。

栽法 栽培之法。三月下旬擇向陽暖和之地、圍槀及薦以作苗圃。其中鋪廐肥堆肥腐蝕土等、約一尺四五寸、上布糠殼等物。再埋藷其中。至五月中、其芽長至六七寸、即切取插於他田。其新墾之地與肥土、皆不須肥料。至於瘠地、則當以糠及灰爲肥料。亦不可過多。多則枝葉徒繁、不復生藷。其蔓入地中而無根、必時時切之。否則仍有枝葉過多之慮。

成分 甘藷之味雖美、而所含澱粉多、蛋白少、日常宜與大豆同食。

三　芋

産地 芋生於亞洲各處近熱帶之地。抽幹數尺。其葉即如巨蓋。歐美諸國不知食用、但栽諸盆、以供玩賞、故稀見之。

種類 芋之種類頗多。有青芋、莖葉俱青。有紫芋、莖葉帶紫、球根大而味美、葉亦可食用。有蓮芋、但食其莖、色白帶青。其栽培法俱大概相同。地擇陰濕。充

栽法

分耕鋤之。鋪堆肥、廐肥、糠灰、人糞等。植芋種其內。夏日久晴、宜時灌水。九月以降、可以採取。

四　山芋

產地

山芋自生於山野。其根細長、有及數尺者。晚秋之時、入山循其枯蔓、求根所在、可掘得之。此言其自生者。

栽法

如栽培於田中。先在四月間、切山芋約三四寸、塗灰切口、曝之一日、再埋有濕氣之土內。十日內外、即可出芽。其地須豫先耕鋤。種時各間一尺、橫置之。一根抽芽甚多、宜獨留其最大者、餘悉摘去。又復時時除草、施以肥料。至第三年之冬、即得採取。蔓上有小果實、播之、三四年後、亦可採收。

五　佛掌薯

栽法

佛掌薯與山芋同種。但栽於田、無野生者。又爲掌狀、不似山芋之細長。其

用途　栽培法、與山芋彷彿。兩者俱可煑食。或製澱粉、或生磨得汁。俱爲最普通之用法。

六　百合

百合有但用其根者、有專供賞玩者。供食用者、其花不美。球根大小不定。直徑至二寸左右及於三四寸。吐蕾之時、宜摘之。不使開花。至十月間、葉莖之間、生小黑實。即取而播之田內。翌年四月出芽二葉。移植本田、與以肥料。至其年十月、即可採取。若植其球根尤美。四月間種之、勤加施肥除草、及其年秋即能採食。但未十分發達。如待至翌年十月、則甚肥大矣。

栽法

七　藕

蓮爲東方諸國特有之植物。西人盆栽而外、罕見之。花有白淡紅眞紅三種。莖皆可食。但眞紅者、收穫極少。栽培之法、四月中分切其根、以三節爲

栽法

度。埋於水田及多泥之池沼。肥以堆肥、廐肥、糠等。三週後發芽。七月開花、不久結實。其實亦可食。十一月間、其葉全枯、乃涸水掘莖。如種其實、亦在四月間就砥石磨去兩端、浸水曝日、即行發芽。再包以土、種於水田池沼等地。

用途 蓮莖即藕。爲我國常食之物。生食或煮食爲常。亦可用糖漬之。

八　慈姑

栽法 慈姑多自生於沼澤水田。如栽培之、四五月間於泥土不甚深之水田、加以堆肥、廐肥等肥料。植慈姑之球根於內。各間七八寸。至十月間、即有實甚多。

成分 所含營養分之富、爲球根類中第一。

九　蘿蔔

蘿蔔有數種。通常八九月間播種、十一二月間採收。亦爲日用不可缺之野菜。常煮食之。如鹽漬之、加以香料、尤爲必須。其法、十二月中拔取之、曝乾。雜鹽與糠漬之䈬內。上載重石、經時即成蘿蔔。雖無特別之營養分。然含一種消化劑曰達斯多支者。分量極少。而有助消化之效。多食蘿蔔。即可見之。（成分）

十 蕪菁

（用途）蕪菁亦常食之品。歐美所產、根葉俱赤、或生食、或鹽漬俱可。自七月至九月間播種。十月後採取。（成分）其成分與蘿蔔彷彿。含曹達、苛性鉀等。生食之。略有助消化之效。

十一 胡蘿蔔

（種類）胡蘿蔔形有長短。色有大紅淡紅黃色。味以大紅色者爲最佳。歐產者、形俱短。我國近多種之。雖無異味、然因短小之故。採收頗便。（栽法）栽之宜擇砂地。其從花崗巖崩壞而成者、尤佳。自六月至九月播種、十一月中採收。

十二　牛蒡

栽法

牛蒡亦東亞所盛產。美國東部雖亦有之、然無知其可食者。播種分春秋二季。三月間播種者、自秋至冬皆可採取。九月間播種者、翌年自春至夏、皆可採取。故終年有之也。其栽培有獨異於其他蔬菜者、一則忌新種。種子新則成長速、而品質粗鬆、不堪取食。故必經三年後、始用之。二則普通作物皆忌連栽、必時更地種之。牛蒡則必永在一地也。

十三　蒜

用途

蒜有大蒜小蒜。因其根莖之大小與瓣之多寡而別。莖葉皆可食。其味特辛。

成分

含有異臭。其成分與葱彷彿、略有滋養之效。春種夏採。

十四　根菜類之成分與其消化率

根菜類所含滋養成分、列舉如次。

	水分	蛋白質	脂肪	炭水化合物	纖維	灰分
馬鈴薯	七六·八〇	一·四九	〇·一〇	一九·二一	一·三六	一·〇三
甘藷	六六·二八	一·三五	〇·一九	澱粉二四·六〇 葡萄糖四·七	二·四八	〇·三五
青芋	八五·二〇	一·四〇	〇·〇八	一一·七〇	〇·六三	〇·九九
山芋	七六·一九	二·八一	〇·一二	粉一四·八〇 糖二·一	一·七八	一·七四
佛掌薯	八〇·三二	二·八五	〇·一一	一四·七一	〇·七五	一·二六
百合	六九·六三	三·三四	〇·一一	二四·二五	一·四二	一·三五
藕	八五·三九	一·七三	〇·〇八	一〇·八八	〇·八四	一·三三
慈姑	六九·二八	四·二七	〇·二〇	二四·三六	〇·四五	一·四四
蘿蔔	九四·五五	〇·七三	〇·〇一	三·七〇	〇·五二	〇·四九
蕪菁	九四·〇〇	一·六二	〇·〇七	粉二·八二 糖一·一二	〇·七一	〇·七八

胡蘿蔔	八九·一二	一·二五	〇·三五	七·四一	一·二〇	〇·七七
牛蒡	七〇·五三	一·三六	〇·〇七	二五·二三	二·一八	〇·六三

諸菜之消化率、列舉如次。

	蛋白質	脂肪	炭水化物
馬鈴薯			九一·五
甘藷	·九〇	五七·一	九八·五
青芋	四九·七	四六·五	九四·八
山芋	四二·五	二·四二	九五·八
佛掌薯	五七·八	四八·二	九六·四
百合			七六·六
藕	六二·七		九一·四

慈姑	九〇·四	七·二一	九七·四
蘿蔔	六八·四	六·五	九八·五
胡蘿蔔	二七·〇	四八·六	九五·二
牛蒡	二四·九		九二·六

觀表可知根菜類之成分中。炭水化物消化最良。蛋白脂肪俱劣。然其所含之量甚微。故亦無妨也。

第五章　蓏實類

一　南瓜

形狀　南瓜之形。或長或圓或復扁平。種種不一。美國產者。有大小二種。大者每圭徑數尺。而重數十斤。

栽法　栽培之法。於三月中播種苗床。五月苗長二三寸。移植本田。更逾一月。蔓長至二三尺即摘其芽使出枝每株但留實三四餘悉摘去留之過多即不甚佳其雄花傳花粉之法賴蜂為媒介用人手取塗雌花之上亦可助其結實我國多煮食之美人則生食居多

用途

二　茄

茄本為熱帶地之產物故天氣溫熱始生長熱帶諸國之茄四季不枯宛如一種灌木其種類不一我國所產長者達一尺外美國則圓而大可敵西瓜又其色亦有白黑黃等種味則無大差異

種類

栽培法三月播種苗床五六月間移植本田所須肥料極多無論人糞堆肥廐肥糠油粕等俱以多施為適惟有當注意者即不可近根須離根二三寸施之用人糞尤宜細心每年續栽於一地結果不良故必易處食法或煮或漬用途頗廣

栽法

三　胡瓜

栽法　胡瓜亦屬熱帶地方之產物。三月間播種苗床。五月移本田。六月中可完全採收其實。肥料用堆肥、廐肥、人糞、油粕、糠等俱可。但須豐厚。自南方熱地輸入者、終年不絕。其在內地、置之溫床內、亦可早一月採收。是即於十一月間播種溫床之中、常用馬糞堆肥朽葉等物、使保華氏七十七八度之溫度。

用途　通常生食、亦可醃漬。

四　甜瓜

甜瓜生於煖地。美國太平洋岸產者、皮白而薄、味甘而酥。置舌上即化。勝我國產者多多矣。

栽法　栽培之宜擇砂地。四月末播種。生長後、疏拔之。更長則摘其芽、使生枝條二三。又復摘之。每株約結實七八個。肥料用人糞、廐肥、油粕等。播種之先、鋪之於底。發芽後、再施二三次。

五　西瓜

西瓜亦生煖地。其種類不一。形有圓及橢圓。皮色有濃綠及白色間綠紋者。種子色有黑有赤。其味則大槪相同。

栽法　栽培之宜擇砂土。四月末用布袋裝其種子。浸水中一晝夜。更入廐肥中二晝夜。發芽乃栽諸田。田須預耕。掘穴徑五六寸。深稱是。各穴距三尺內外。納堆肥、廐肥、油渣等於其內。上覆土約二寸。再種其芽。芽出蔓、即摘嫩芽。生枝亦如之。每株但餘實二三個即足。

俗謂西瓜爲腎病良藥。故有製爲西瓜糖出售者。然服之有效。但因水分與糖分之故。則直服砂糖水即可。固不必用西瓜也。

六　瓠

種類及用途　瓠有甘苦二種。其甘者、垂熟之際即需摘取。曝乾成爲乾瓠。其熟極者、內部漸腐、空可容酒、或供玩賞、所謂瓢簞也。今日玻瓶易購、瓢簞之用幾廢。然其質輕巧、在古時固以爲甚便也。

栽法

栽培法與胡瓜同。三月間下種苗床。五月移植。造高棚懸之。結實過多、即宜摘取。若欲其特大、則但留一個。而行寄接法。寄接法者、出蔓二三本時。用葉包或盆栽之砧木、接其一枝。其部即用葉類包裹。防水浸入。用此法即失敗、亦可更行爲之。故甚便利。

七　絲瓜

用途

絲瓜之嫩者、可食。煑羹最美。其老者、纖維過多、可用以擦物。

八　蓏果類之成分及其消化率

蓏果類所含滋養成分、列舉如次。

水分　蛋白質　脂肪　炭水化物　纖維　灰分

南瓜	九〇·二四	〇·六五	〇·一三	六·〇八	一·一五	〇·七五
茄	九四·〇〇	一·〇〇	〇·〇六	三·一一	一·四一	〇·四二
蕃茄	九二·三七	一·二五	〇·三三	一·五四	〇·八四	〇·六三
胡瓜	九六·六四	〇·八五	〇·〇八	一·九六		四·〇七
甜瓜	九二·四四	一·二五	〇·四八	四·二〇	一·二四	〇·五九
西瓜	九四·七六	〇·一六		糖類四·七七	〇·一〇	〇·二一
乾瓠	二〇·三五	八·一九	一·五四	五四·三二	一〇·六九	四·九二
冬瓜	九七·四二	〇·二六	〇·〇二	一·七二	〇·三五	〇·二三

觀表可知蓏果類大概多含水分。脂肪炭水化物、亦微有之。至蛋白質、其量既少。而又非本當之蛋白質。多屬阿彌度類。滋養之效極微。又諸成分之消化率如次。

	蛋白質	脂肪	炭水化物	灰分
冬瓜	一.九二		七九.九	七〇.〇
南瓜	八八.七	六六.五	九八.五	八三.四
茄			八五.九	三四.〇
乾瓠	四二.六	四三.六	九三.七	七六.七

第六章　海草類

海草類謂昆布、裙帶菜、羊栖菜、海苔、石花菜等。我國人多喜食之。每年自日本輸入者、價達數百萬圓。歐美人則不知食之。海草類俱含相當之滋養物。又含鑛物質頗多。如昆布、即含與格達彌恩酸相同之物質。又能添味於他食物。又如海苔、別有一種香味、可以刺激人之食慾。但海草類有共同之缺點、即消化不良是。如石花菜尤爲一切食品中最不消化者、因是反有通便之力。

一 海苔

製法 海苔之最普通者、爲青海苔。淡水注海之處、皆有之。其製法、但乾而焙之、細採爲粉。加於其他食物、可增香味。

採法 採取法、每年九月末、用長一尺內外之木枝多根、植於海內。約一月後、苔即附着其上。其後每間一月、可採取一次。以至於四月。但其最上之品、以自十二月初至一月末採取爲度。採取後、去其塵砂、滌以清水、切之粉碎、入於水桶、如漉紙法、流入置框之簾上、再去框曝乾之。

成分 其成分水一五.四七。窒素抱合物一六.二四。無窒素物五三.〇一。纖維六.二一。灰分中更可細別苛性鉀三四.五四。燐酸一四.〇七。硅酸一.四。

二 昆布

產地　昆布產於北緯三十八度至五十度以北之海內。故日本北海道一帶盛產之。其種類甚多。有黃汁及全食之別。其黃汁者、根端切口形如貓爪。最爲上品。我國人頗嗜之。

採法　採取之法、每年自七月至十一月中、用長柄鐮刀伸入海底繁生之處、切斷提出。運至海岸。約三月可乾。表面有白粉、時發芳香。乃切根拂拭束而置諸倉庫。

用途　昆布用途甚廣、不可盡述。日本人視爲烹飪所不可缺之品。其成分平均

成分　各種言之。水二五·八一。窒素抱合物六·九〇。無窒素物三九·六二。纖維七·二五。灰分二〇·五二。其中又可細別苛性鉀一六·七三。曹達七·五七。石灰七·四五。苦土〇·四四。酸化鐵〇·五三。燐酸一·二五。硅酸一·三·二三。食鹽五·一八二。

三　羊栖菜

採法　羊栖菜沿海之地多有之。十月初生於海中巖石之上。翌年二三月頃發育已極。以鎌切取。入大釜煑沸後、再鋪寬席之上。曝乾之。

成分　其成分、水一六四〇。窒素抱合物八．四二。無窒素物四一．九一。纖維一七．〇六。灰分一六．二〇。其中苛性鉀三．二五五。燐酸一．二〇。硅酸一．九一。

四　裙帶菜

採法　裙帶菜在海草中、較易消化。味亦較羊栖菜等爲優。每年二月至五月附着於海中礁石。用竿捲取之。但二三月中所取者、尚嫩柔軟而味美。其老熟者、硬而無味。

製法　製法、生乾之。無須煑沸。

成分　其成分、水一五．二一。窒素抱合物八．二九。無窒素物四〇．六二。纖維二．一六。灰分三三．八二。其中苛性鉀三一．〇。燐酸二．六一。

五　石花菜

製法　石花菜每年四月至八月附着於海中巖礁。採取後、煑之成漿。再使凝結、即成。或拌食或爲茶食材料均可。但不易消化耳。

成分　其成分水一八．五〇。窒素抱合物九．八〇。無窒素物五二．三一〇。纖維五．〇〇。灰分三．四四。

第七章　菌類

通常所食之菌類、爲松菌、香蕈、靑頭菌、木耳、數種。松菌與香蕈最可貴。菌類大概自生於山林、人力不能栽培。惟橫柯、櫪、楢等巨木。覆以棊柴。時時灌水。一二年後、亦可叢生香蕈。美國有一種蕈、即用是法使之發生。

菌類　菌類大概有相當之滋養分、且有一種芳香味。故甚佳。世界各國無不珍重視之。惜其中蛋白質甚難消化耳。

普通菌類皆發生於秋季。木耳一種、則與時節無關係。

菌類中每有含毒質者。如誤食之。或感暈眩、或覺倦怠、或全身痲痺、或胃腸劇痛。其甚者、至於喪生。救急之法、宜使吐瀉。而飲白蘭地等烈性之酒爲宜。鑑別食用菌與有毒菌之法、古來傳說頗多。惜於科學中未發見精確之法。今略舉其數說、以備參考。

(一)食用菌自根至蓋、裂紋成直線。有毒菌則在半途曲折、或崩散。

(二)食用菌以白黃褐三色爲常。有毒菌或赤或赭、令人見之不快。

(三)食用菌概有芳香。有毒菌多惡臭。

(四)食用菌生於較燥之地。有毒菌生於濕地樹木、或塵埃中。

(五)食用菌採取後、暴露於外、不改其色。有毒菌則多改綠色、或青色。

(六)食用菌之汁澄清。有毒菌之汁惡濁、如乳汁狀。

(七)食用菌無苦辛之味。有毒菌有種種刺舌惡味。

菌類所含滋養分之量、可舉松菌爲例。松菌之成分、水八一、七三〇。蛋白質三、七七〇。脂肪〇、七六五。無窒素物及纖維一二、七四〇、灰分〇、九五五。外國所產菌類成分之平均數。水九一、〇一〇。蛋白質四、六九〇。脂肪〇、三九六。無窒素物及纖維三、四五六。灰分〇、四五八。

成分

第八章　調味品

調味品者、不能與身體以熱量及營養、但加味於他食物、刺激胃腸、活潑食慾、使消化力增進。或並有殺菌力、及預防疾病之能者也。歐美諸國所用之調味品、多由南美諸國及東印度等熱帶地方輸入、其主要者爲胡椒、丁香、肉桂、芥子、薑等物。胡椒爲東印度所產之一種木實、研磨爲粉、用之。丁香亦爲木芽、或乾用、或研粉。肉桂芥子均與我國產者相同。另有所謂奈麥格者。形如桃、爲一種果物。其中有核、是即香味料也。歐美人所用調味品惟有此種爲我國所無。餘俱與我國用者相同。今更分言其通用者如次。

一　山萮

栽法

山萮自生於深山幽谷之中。亦可栽培而成。栽法、於晚春之際、埋朽葉於山間溪側、覆砂其上、再植山萮之根。十二月可以採取。其根有辛味、可以

用途

調味。其葉與莖、用麴漬之、亦甚可貴。以其爲奮興劑之、故略食少許、即能爽快精神、分泌胃液唾液、而助食物之消化。若多食之、不免有害。

二　薑

世界各國皆產薑。其新者可漬梅醋食之。舊者則磨出其汁。用如山萮。或

用途

用糖漬、或研爲粉、均可。因是含揮發油、故爲發汗劑。又用其粉末、和砂糖冲開水服之、有治風邪之效。

栽法　薑宜種於砂地。三月末至五月中下種。薑施糠灰、人糞堆肥等二三次。八月即生新根。十一月全熟。如用其經三年之舊種、較新種尤佳。

成分　其成分、揮發油一、五六。哀克斯一〇、五五。橡膠一二、二五〇。謬西來其八、三六。纖維八、〇〇。苛性鉀之不溶解分二六、〇〇。樹脂三、六〇。水一一、九〇。蓋但有刺戟的要素、而缺營養分也。其能刺戟舌而分泌唾液、刺戟胃而分泌胃液、與山萮相同。

三　芥子

用途　芥子爲芥菜之種。研爲細末者。溶水加於他食物食之。歐美人日日用之。但其味不若東方所產者之辛。芥菜之葉、亦與其他菜葉相同、可以鹽漬、或烹食。但略帶辛味而已。

栽法　九十月間下種。年內雖可採葉。然充分成長則須至翌年四月。其時開花、六月成種。

成分　其成分、水八、五二。脂肪二五五、四纖維九、〇一。硫黃一、二八。窒素四、三八。蛋白質二六、五〇。開魯沁五、二一四。可溶解物二四、二三。揮發油〇、四七。彌魯奈度鉀一、六九二。灰分四、九八。其中又含苛性鉀、曹達石灰、馬格奈夏、酸化鐵、硫酸、鹽素、燐酸等。觀此可知芥子雖與蕃薑相同、富於刺戟的要素。然又含營養分甚多。至多食之、仍然有害。

四　蕃椒

用途　蕃椒未甚熟之時、葉實俱可鹽漬、或煮食。若熟成赤色。辛味頗烈、但可畧加於他食物、爲調味品。

栽法　三月間播種苗床。五月移植本田。九月成熟。通常多於未熟之前採取、其

成分　成分爲色素、可溶性鹽類、橡膠、澱粉、樹脂、水灰、阿爾斯爾浸出物等。大概爲刺戟性之物質。營養分則甚缺乏。

第九章　果實

果實爲人類最初之食品。創世紀第一章、載上帝與阿當伊伯住哀登之常樂園時、即於知善惡樹之果園中取果實而食、蓋穀物野菜魚肉等物多非熟食不可、果實則否也。

種類

果實之種類頗多。第一類、如林檎梨等、但由果肉而成。第二類、如梅桃李等、中心有堅固之種子。第三類、如柑橘葡萄含枸櫞酸。第四類、爲各種漿果。第五類如跋那那、栗胡桃銀杏等、有堅殼者。第六類、則概所餘之祐榴柿等。

產地

就果實之生產地言、可別熱帶、半熱帶、溫帶三種。熱帶之果實、水分多而柔易於腐敗。故不能運至遠地。柑橘之類、多產於半熱帶之地。溫帶所產果實、其數最多。如法國南部、西班牙、葡萄牙、伊大利、以及小亞細亞之一部、皆以產上等果物知名於世界。然美國太平洋岸則最盛。溫帶與半熱帶之果實、幾無一不備。所至有大果園、枝葉交繁、幽雅難喻。所結果實、亦倍尋常。

美國加利福尼亞所產葡萄種類之多、世無其敵。其輸入東方者、但有黑色數種。若在本處、則大小形色、逐一不同。或宜生食。或宜製葡萄乾。或宜作酒。均各相異。至所產林檎種類較少。

成分

果實中除跋那那、栗、胡桃、銀杏等外、所含營養分均極微少。不可與野菜並論。但多有芳香與各種酸味。故有刺激食慾、助消化、清血液、並驅除體內黴菌之效。

用途

我國於果實、但知生食。歐美或貯藏之、或製為菜。其法頗優。如林檎、梨、桃、杏、李等、皆可用糖煮食。又可裝為罐頭、輸送遠地。又可細切而曝乾之。林檎更可爲餡之用。近日美國發明一種新法、曝乾跋那那之後、研爲粉末、可製麵包、所含營養分、較小麥粉製者更富。味亦更美。但東方購之價値極昂、固不能常食也。又絞果實之汁煮之、可加於其他食物、爲味甚美。至附香料製成果子露、則更可爲飲料。葡萄之能製酒、今不待言。其他果物、亦可製酒。但人之嗜之、不若葡萄酒之甚耳。

殼果

栗、胡桃、榛實之類、是爲殼果。殼果與其他果類略有不同。普通果物皆柔肉在外、而中藏堅種。殼果反是、外包堅殼、實居其中。又果物含水分、糖分、酸味甚多。殼果則鮮有含之者、惟於蛋白、脂肪、澱粉等營養分、則較多耳。

東方所見之殼果、但有栗胡桃等數種。世界他處、則猶有別種甚多、不能盡舉。今但述其主要者。如柯柯那支一種、產熱帶地方、爲土人生活上最要之物。蓋衣食住三者、無一不從柯柯那支果樹而得。其樹幹可築屋。木、

用途

皮可葺屋頂。其實外皮如棕梠毛、其中更有厚皮。再內爲實。其外皮即可爲繩、爲織物、爲毛刷。其厚皮可製盃皿等器。至於實則爲熱帶土人所常食。或生食、或研粉代麪粉、兼可作飲料。當果實未熟時、割之得漿、味如牛乳、極能養人、又其別種、可以製糖。即碎木絞汁、煑乾而成。印度智利等地多製此糖。至於其實曝乾、名柯甫拉、輸出世界各地。由之取油、製爲石鹼。

第十章　糖類

各國國民用糖之總額、視文明之程度而加減。文化進化、而生活程度增高、其消費額亦漸增加。歐美諸國之消費量、以美國爲最巨。其次爲英法、德奧俄、我國則瞠乎其後。糖之用途、專在加味於他物。如茶食品、咖啡等、皆全因砂糖而有美味。我國煑菜亦多用之。歐美人但知加於牛乳而已。糖中如氷糖、楓糖等、皆可獨食。亦能爲保存他物之用。

效力 食糖之效用、在於體內起熱、增加精力、而恢復生氣。小兒多喜食糖、即因是故。又跋涉長途、或勞動過度之人、食甘物而精神遽復、爲吾人日常所經見。故糖於人體、極爲重要。但用分量過度、必有傷胃腸之虞。又食甜物後、必漱口。否則損牙。

起源 糖分本含於果實野菜等內、人類知由諸物製糖、爲時不過懸遠。蓋希臘羅時代之人、猶不知此。但從蜜蜂取得甘味。至榨蔗汁煮糖、起於印度、時當較後。而在今千數百年前、歐洲諸國之糖、自古但仰給於印度。直至荷蘭西班牙葡萄牙等諸國在熱帶地方得有殖民地後、始行仿造。其後有人知楓可以製糖。又後至三四十年前、歐洲又發明由一種萊菔可製糖焉。

製法

蔗糖 糖類既有種種、其製法因亦不同。第一爲蔗糖。由甘蔗製成。甘蔗產熱帶地方形似高粱、高逾尋丈。其莖含有糖分。迨成長以後、從根切下、去葉。用壓榨機、榨取其汁。其色帶黑、有臭氣。煑之成粗黑之砂糖。更精製之、乃爲白糖。製粗糖、多在甘蔗生長之地。若白糖、則須大都會之工場爲之。其法溶粗糖於熱水、用袋濾去塵埃渣滓。再用大圓筒滿貯骨炭、傾汁其中、以去其臭。即得純白之糖水。煑而納於精製機械、即成白糖。

甜菜糖

其次爲甜菜糖。即近三四十年來歐洲所新製者。其勢逐年盛大、竟欲駕蔗糖而上之。甜菜之生產地、爲法德奧等。美國加利福尼亞干、撒斯等地近亦種之。甜菜形似蕪菁、隨地可種。但視土質上下、所含糖分亦大有懸殊。我國土地果適宜否、以未試驗、無由判明。其製糖法、去葉滌泥、用機碎之、漬諸水、使糖分遊離。再絞而煑之。其餘製法、皆與蔗糖無異。

楓糖

楓糖惟美國東北部、即新英洲地方專產之。楓類雖多、能製糖者僅一種、名曰糖楓。新春三月、寒氣漸收、木芽未吐。產楓諸地、農人婦子、爰擇晴晨。鑿穴楓幹距地三尺。揷入細管或木或金。即有黏汁、源源外流。一週而竭則藏諸桶、運於工塲。又若楓林、位於山腹、可懸諸木、或V字形。所有糖液自流塲內、無煩搬運。但在陰日、雨雪風寒、皆不可行。至製爲糖、法如前述。楓糖頗有芳香、故較蔗糖等更爲可貴。美國專用於上等茶食品。又製爲糖塊、爲婦孺所酷嗜。市中所售、皆雜蔗糖、鮮有純品。其純粹者、帶茶褐色、微有粘力、且具芳香。故易與他糖爲別。

主要糖類、不出上述。此外別有數種、則不常用。其一由玉蜀黍製成、美俗呼爲葡萄糖。蓋從玉蜀黍取澱粉、加以濕氣與溫熱、而成者。以其和水、故無蔗糖之甘。然色潔白、美國多用以調酒。其二爲乳糖。乳糖由牛乳等乳汁取去乳酪而成。其特性在暴露於外、遇濕氣亦不醱酵酸化。但爲藥用。此外更有似砂糖而非者、名之曰薩迦林。爲鑛物質。蓋由石炭製成。其味較同量之砂量濃五百倍。加於其他食物時、宜注意弗使過量。

種類及其製法

第十一章　食鹽

食鹽非但由海水煮得。其製法約有數種。第一種、陸鹽、亦曰巖鹽。可由礦山用掘鑛石之法採得。研爲粉末用之。大陸諸國、多有鹽鑛、可以採鹽。濱海之國、則以取海鹽爲便。第二種、掘井深達地下之鹽水層、所流出之鹽水、即漉清而煑之。美國紐約、盛行此法。第三種、距地面不遠有鹹水浸出、日光曝之、水即蒸發、餘鹽於地。是即所謂鹽原。美國之南加利福尼亞洲有之。凡亘數十英里。堆鹽如雪、用機械收集之、去不純之物、即成良鹽。第四種、即取海鹽、我國製出甚多、其法於海邊作鹽田、汲海水注之。因太陽之熱、蒸發其水分。所餘鹽水、更入釜煑之。凡經數次、得純鹽。由是觀之、製

效用

鹽固不止一法也。

鹽之效用、第一在加鹹味於食品、促唾液胃液之分泌、有助消化之力。其次能使血液神經保健全之狀態、且爲身體之素成分焉。又汗垢及其他排泄物中、常食鹽甚多。其他食物中雖略含鹽分、然不足相補。故必不絕由體外取得此種成分也。但多食之、亦頗有害。胃腸積鹽分過多、即吸收血液中之水分、而覺渴思飲。既飲多量之水入胃、胃液稀薄、即難消化食物。故用鹽宜以不至口渴爲度。鹽之其他效用、在能防食品之腐敗、而長久貯藏之。如菜果魚肉之類、皆可用鹽漬而藏之、或輸送於遠地也。

第十二章 水

人體須水之理由

人類生活上最屬必要者爲空氣。其次即爲水。人體四分之三皆由水成、若盡去之、所餘但少量之礦物質而已。人體之水爲種種形體、不絕排泄於外。故須不絕由體外攝取以補充之。然人身必須攝水之理由、猶不祗此。

第一、身體各部輸送營養分、非水不行。食物入胃腸而消化、入心臟爲血液、經動脈而支配於各部。即補充老廢之細胞。而使新鮮。然使食物無水。而又不另飲水、則其結果爲何如。恐食物皆停滯胃腸、不稍移矣。故血液之能循環、養分之能遍布、皆惟水是賴。

第二、食物補充身體各部之細胞時、老廢細胞亦必淘汰體外。又食物之渣滓、亦須排泄。此則無異用水之冲汚物、亦非水不能也。

第三、濕粘膜與皮膚、均不可無水。如其無之、堅硬固覺不適、且觸他物即受傷害。

第四、人體水分不絕由毛孔蒸發、可免受外界熱度刺戟、故必常補充之。

以上皆體內須水之理由、至於體外用水沐浴以去汗垢、又不待言。故水爲人生不可缺之物。但亦須用其清潔者。純潔之水、無處可得。如蒸溜水等、仍含不純分子。其量較微、飲亦無礙。大概含有機物至百萬分之六至八、即可謂之清淨之飲料水。如池沼之水、流入汚物之河水、乃至墓地厠所附近之井水等、多不透明而有臭氣。即不可用。免生各種胃腸疾病。至水道之水、清潔井水、均可爲飲料。若猶疑其不潔、即用蒸溜法。或於水一石中、投明礬五分乃至八分、以澄清之。或投過滿鹽酸鉀。或用濾過法。是則用骨炭最佳。蓋可濾六百倍之水使潔。其餘用木炭、砂石、毛布、海綿等亦可。

種類

水充塞地內、觸處皆有。其本原雖同、而視所在性質亦略有異。第一種不同、即爲鹹水與淡水。海水悉鹹。餘如美國鹽湖、猶太死海、亦含鹽分。蓋水

取水法

有分解萬物之作用。最堅鑛物、觸水過久、亦能溶化。所謂鑛泉、卽溶鑛石而成。由實際言、一切水中無不含有鑛石。特鑛泉內最多耳。鑛泉中有爲刺激性者、有爲鹹味者、有帶一種色彩者。又有溫泉冷泉之別。鑛泉中所含主要成分、爲鹹、硫黃、鉀、鈉、鐵、等。俱有藥物之效。或浴其中、或取食之、可以却特種疾病。而强虛弱之身體。然亦有與人體全相反對者、不可不細擇也。

水含鑛物質、不若鑛泉之多、而爲普通水所不及者、謂之硬水。飲之微覺寒冽。洗濯器具、石鹼亦不易溶化。軟水則反是。雨水卽是其類、從理論言、雨水可謂自然存在之水中最淸淨者。然都會之空氣、浮游塵埃、屋宇之上、亦多不潔。則亦不能純潔也。如在郊外、受容之、較可飲用。

太古人民、但知飲自然流出之泉水與溪水。故史家謂遊牧時代人民逐水草而居也。至人農業時代、住所有定。人口漸繁、不能盡得瀕水而處。遂發明掘井之法焉。井視地之高低、淺深不一。淺井之水、多自周圍流集、不甚清潔。此在人烟稠密之都會、尤甚。故鑿時當用土石嚴杜四壁。汲上後又須沸煮或濾過也。法國新創一種掘井之法、用鐵管插入地中、達於水脈。所得水多含鑛質。有機物則鮮有之。固甚清潔矣。然鑿入地中、每須達數百丈。其費用浩繁、而水量又少、亦難能通行也。

大都會間、祗可由遠處湖水河水、汲引清水、以供市民之用。今之自來水道是也。是法於一千年前、羅馬既已行之。今則遍於各處。其法、引河湖之水作大貯水池、完全行淨水作用。用大小鐵鉛管、分配各處。其久留鉛管之內者、每每有毒。必放水二三分間、得其清潔者用之。

氷

水觸氷點之冷氣、即凝結爲氷。較原來水積爲大、且入水不能沈浮。其天然者、冬日由河湖中取得、貯之倉庫。其中有機物仍不死滅、故須擇水之清潔處取之。人造者較潔而合用。冰之用處、在冷却食物及病人患部。或造冰酪、爲歐美各國日用必須之物。居戶皆備冷藏器、貯藏食物。需冰至多。獨無如我國之直吞之者。蓋以其有消化不良之虞也。

第十三章　茶類

一　茶

產地

茶爲東方之特產物。我國印度日本皆盛產之。歐美人多嗜印度及錫蘭所製之紅茶。我國之綠茶、則不甚喜之。至歐美各國國民嗜茶者、首推英俄。美國則十分之三皆好之。其飲時、必加牛乳砂糖、故獨取紅茶也。

種類及其製法

茶因製法而種類不一。其最要之區別、即爲紅茶與綠茶。綠茶者、先蒸茶葉、至色畧變爲度。鋪蓆上冷之。再用文火焙而揉之、數次即成。紅茶者、先曝茶葉少萎、即揉之。再覆棉布等、置日光中使醱酵成褐色。入焙爐、揉而乾之。

栽法

茶於十一月間播種。翌年五六月出芽。至第三四年、即可略加摘取。迨十五六年、恣摘亦無礙。每年約可摘二三次。多則傷樹。

效用

飲茶適度、可興奮精神、令人忘倦。又助食物消化。對麻醉劑、有消毒力。但神經質人、與虛弱婦孺、不宜飲用。人以飲濃茶而得不眠症、固常見之事也。

成分

茶之成分、極爲複雜。其中最主要而全其有特效者、爲揮發油、茶素、鞣素。此外亦有蛋白、纖維、灰分等。揮發油所以使茶有一種芳香。焙生葉而揉乾之、即出。茶素爲茶之本質、所以令人爽適。鞣素則專作苦澁之味者、有收斂之效。

二 咖啡

產地

世人之嗜咖啡者、僅次於茶。咖啡爲熱帶產物。傳說阿剌伯人首先飲之、以次廣傳於世。咖啡之主要產地、爲阿剌伯、爪哇等。今於中美南美諸國亦栽培之。秘魯產額最巨、凡佔全世產額四分之三。初歐人移居南美者、以其地氣候彷彿阿剌伯、可栽咖啡。乃遠求種於阿剌伯。歸時缺水、活者但二株。盡心栽培、今日遂遍一洲。

製法

咖啡之樹爲灌木如茶、咖啡即其實也。其狀如櫻。於果肉中、包種子。俟其熟摘取之。鋪席上、曝乾、去肉、包之。用時先炒以微火、成濃茶色、而放芳香。更研爲粉末。入熱湯煮之。和乳與糖而飲。其品質雖有上下、而定價不似茶之過於懸殊。

效用

咖啡之效用、與茶相同。亦爲興奮劑。而能爽快精神。因有一種香味。故人多嗜之。然其效力不及茶。故多飲之、害亦較遜。人當空腹之際、飲之亦可充飢。

成分　咖啡之成分複雜、與茶相似。其中有咖啡素、爲咖啡之本質。咖啡所以爲興奮劑者、即因於是。但有毒、多食則害神經血脈。

三　椰子茶諸古律茶及其他茶類

椰子茶及諸古律茶皆由椰子之實製成。但因製法不同、各異其名而已。

產地　椰子生產於南美東印度等熱帶地方、亦並有之。其樹高自六十呎至九十呎。無枝、但於頂上簇生細長數呎之葉。末結黃實。約七八吋。熟時摘下、

製法　取去外部果肉、僅餘堅種。堆積數日、微見醱酵、而有色香。如欲飲之、宜更去其外、取仁搗碎之。

用途　椰子實中含脂肪甚多。雖粉末、亦甚粘。榨而取其脂肪、即爲椰子酪。可食。

亦可作膏藥之原料。及顏料等。所餘之粉、則爲椰子茶、如不去脂肪之粉末、則諸古律茶也。椰子茶較易消化、宜於病人及小兒。但滋養則較遜。椰子茶與諸古律茶、皆溶於熱水、和糖飲之。味與茶等有別。甚濃厚、而刺激弱。宜於夜飲。又富於蛋白脂肪澱粉等營養分、故亦可謂爲一種食物也。

其餘茶類

此外茶類甚多。如南美巴拉圭等處人、多用一種茶葉、曰瑪透者。與我國之茶香味無異。而無其害處、又善炒大豆大麥、裸麥、小麥粗米、等煮之、可爲咖啡之代用品。至果子汁、則更合於衛生焉。

第十四章　酒類

酒類

酒類雖多、大別之三種可盡。即釀造酒、蒸餾酒、及葡萄酒是也。

釀造酒製法

釀造酒者、清醴濁醪、及異國之麥酒、皆屬之。乃入麴而使醱酵者也。造酒約在秋中至春末。以天寒爲宜。其法、蒸米冷之、入水與麴於其中。經十二時、即每日攪拌。日以十次爲度、至八日後、更移深桶。攪拌如前、又半月、揷熱水桶於其中、溫之。十二時、成酒母。更加水麴、傾之大桶。半月後、又攪拌之。歷四五日、入袋榨之、即成清酒。其中酒精之量、凡百分之十二。濁酒造法、與此略同。酒精含量、亦不大異。但其餘製法猶多、今但言其一例耳。

麥酒者、以大麥爲原料、而加以僕白斯之苦味料及酵母、使發酵者也。德國製此最佳。美國稍遜。其中含有酒精之量、爲百分之三至五。此外並略有營養分。可謂酒類中之較爲有益者。

蒸溜酒製法

蒸溜酒如燒酒等、含酒精甚多。性俱強烈。燒酒原料爲米與甘藷。使發酵爲濁酒之狀態、再蒸溜之而成。其中酒精、凡有百分之四十乃至五十五。

威斯克酒、用麥米等爲原料。白蘭地酒、用林檎桃梨等果汁爲原料。製法均同。其酒精量、約自百分之五十至五十五。

葡萄酒製法

葡萄酒者、榨取葡萄之汁、入樽內、藏窖中。約五星期、但取其澄清之部、又過七週、澄之三次。即成。新者味澁刺舌、故以年久爲貴。法國香巴業製者、味最美。美國仿製、殊不及。

觀上所述、凡名曰酒者、必含有酒精。酒精爲無色透明之液體。有異香。性易燃燒。而妨害他物之燃燒。故在體內燃燒時、脂肪即不燃燒、此飲酒者所以多肥也。酒精亦與他食物同。幾分消化。而餘分被排泄。但入血液之內、與血俱爲循環、略能助長其勢、而即使神經痲痺。

飲酒之利害

飲酒之利害、非可輕斷、蓋視其分量之多寡、與人體之所宜、而結果不同也。凡飲少量之酒、陶然而醉者、忘身心之勞倦、爲益不淺。又暑飲酒、可助食物之消化。且體質不充者、服葡萄酒適度、亦殊有利益也。然厭酒者、則

不可强飲、

至若飲酒過度、則爲害滋多。第一胃腸刺戟過度、活動遲鈍、消化不良。又痲痺全神經係失身心之常調。倦怠而覺眩暈。精神朦朧、不辨是非。但感情激昂、而理性薄弱。是爲醉時通狀。如其常醉、動脈管即被脂肪所化而硬直。又腦質軟化、成酒精中毒之徵候。每至生腦溢血之危險。又心臓之動作弱、血液循環不甚活潑、於是新陳代謝之作用有碍、炭素之排泄遲緩。其毒害必至遍及全身焉。

以上諸害、雖必飲酒過度始見。然一過度、所貽毒害、即難挽回。且飲酒者、每有逐增其量之病。故以不飲爲上也。

丹麥國之統計甚精。據其政府保健委員之調査、全國人口死亡與飲酒之關係頗切。男子死亡者、百分之二十三、女子死亡者百分之三、皆以飲酒爲其遠近因緣。且知一醉足以促人壽命二十五分焉。又美國保哀斯博士、就生命保險協會二百萬人之調査、其報告與丹麥之統計相近。即常飲酒者、早死六年。而日常暴飲者之死亡率、較高於日飲一杯者百分之五十。故今日國家爲國民健康起見、多强迫禁止飲酒。如俄國、即其例也。

第十五章　乳類

一　牛乳

用途

乳汁者、哺乳動物爲育兒之用、而自然具有者也。其中含有人體一切必要之養分、固不俟言。然動物既成長、則亦不能恃乳爲生。各種動物之乳、成分大概相同。自來人所好者、惟牛羊駱駝之乳。其時常在馴養家畜之後。牛乳之用額、歐美最巨。一般國民無不視爲日用之品。即在貧民、亦必日飲二三合。美國產此尤富。口渴即飲、殆視如茶水焉。

危險

牛乳固爲理想之飲料品。然不注意、每有危險之虞。其在牝牛罹結核病時尤甚。故飲之者、必先煑沸、使毒盡消、而後可。牛乳之性與雞卵異、煑熟反易消化也。

近日育嬰多用牛乳、是亦不可爲訓也。牛乳但能養犢、嬰孩則須人乳、其理相同。今顚倒用之、必有不適。且牛乳中脂肪與乳脂較多、糖分與水較少。用時固當參酌盡善也。

二　凝乳

製法

凝乳者、加高熱與牛乳、蒸發其水分、但留其餘要素乳酪酪素糖分等、而更加以砂糖者也。砂糖與鹽、同有止其他食物腐敗之用。故密封此於罐內、弗使外氣侵入。雖置熱地、經時日、亦決不敗。飲時、加熱水溶之與生牛乳毫無所異。不過生乳但能供產地左近之需求、而凝乳則爲貿易品耳。今美國每年輸出之數、凡達數十萬元以上。創製者、本爲美人保登。今則瑞典法德、亦仿造之。

三　乳油

乳油者、牛乳之脂肪也。脂肪較水爲輕、故靜置牛乳、脂肪自然上浮、是曰乳酪。可和入茶咖啡等飲之。或助烹飪之用。其凝固者、則乳油也。乳絡由

製法

包薄膜之小球而成。球中更含脂肪。如製乳油、即攪拌之、使小球外膜破裂、脂肪結爲一團、而成。此亦美國農夫所發明。其初攪拌但用手指等、今則有大機械、可使乳絡自離。所餘之物、亦有他用。

用途

乳油之本色白而略帶青黃。用之者、世人或以其黃色者爲最佳。故製造所、故意着色。其成煉瓦狀者、爲家庭所常用。錫包上必加之。惟法人多不

代用品

然。此外責物作茶食品皆需之、供給不足、未免昂貴。遂有製造代用品者。其一由落花生製成。其性純異。其一蒸牛肉脂肪爲流動體、和牛乳與少量之乳油、凝結而成。色味純與乳油無異。非食不辨其眞贋。美國食品條例對於此種乳油不許着色。並須用文字標明於外云。

四　乾絡

製法

取去乳絡所餘之乳中、猶有種種營養分。其大部則爲水。如加熱、別以犢胃鹽漬之乾者、潞水投入。每牛乳二斗、約用二三合。則結合爲凝乳。更榨去乳漿、即爲乾絡。

成分及其效用

析乾絡之成分、爲水四四、〇〇。蛋白質四四、八〇。脂肪六、三〇。鹽四、九〇。即其大部分由蛋白而成。固可貴也、惟其消化不宜、多被排泄、未免遺憾。若食其少量、則有助消化之力。歐美人極好之。食後非嘗之、不可。然在我國人則嫌其有惡臭也。

五　含菌酸乳

製法

含菌酸乳乃故置一種細菌於乳、以使酸敗而成者也。蓋此種細菌、非但無害身體、且能驅除體內其他有害之細菌。布加利亞人多喜食之、故多長壽者。近日各國盛行倣造。然必有完全消毒機關與醱酵機械乃可。否則畫虎不成、反類犬矣。

第十六章　鳥卵

種類

一切鳥卵之成分、大概相同。惟人所食者、以鷄卵爲最普通。鴨、鵝、七面鳥、鶉等之卵次之。餘則產數過少、或形體過小、難供食用。雞卵占卵食中十分之八。鴨卵之產額雖多、而味大劣。故食之者寡。鵝與七面鳥卵之產額甚稀。鶉卵亦然。故價貴難致。名種鳥卵之成分雖無甚差異。然視其新鮮與否亦大有別。冬日經一月之久、亦不起變化。夏日但可保持一週。再過則營養分漸減、而日就腐敗。

成分

卵白由水與蛋白質而成。黃則更含鹽分脂肪。獨缺澱粉糖分、亦美中不足也。牛乳中人體必要之成分俱備。常食之無碍。卵則不然。又牛乳百分之九十爲水、卵則但有七十分左右。故大鷄卵一枚之營養分、約敵牛乳一合。

從消化上言、卵以半熟食之爲宜。久煑卽難消化。生食亦消化不良。故歐美無生食之者。

貯藏法

貯卵之法有種種。其最輕易可行者、乃置之石灰、石灰水、木灰、鹽、或小豆之中。不使互觸。如和蜜蠟與橄欖油塗之、則最完全。凡可保二年不敗。

附錄 肉食品之成分及其消化率

獸類

家畜

肉食品可分禽、獸、魚、介諸類。先言獸類。

獸類中又有家畜與野獸之別。

家畜之中以牛、馬、羊、豕、爲主。牛肉爲歐美常食之品。其成分以蛋白及脂肪爲主。其外別有乳酸等質。其量極微。馬肉自法國巴黎千八百六十年開設馬肉店之後、始盛食之。其成分與牛肉無大異。但蛋白質甚少。未免無味耳。羊易畜牧、故食其肉者亦多。味較牛肉淡薄。而各成分皆較少。山羊肉則過硬、僅可食其乳。其乳所含養分、與牛乳彷彿、而量獨多。一山羊每日可取乳一升至一升有半。豕之飼養甚易、費用又廉、世界各國皆畜之。我國人肉食者以爲常食。美國以養豕與栽玉蜀黍並行。蓋玉蜀黍供人類食用僅四分之一、其餘皆可飼豕也。其肉脂肪多而蛋白少。東方豕肉、等類較牛肉賤。勞動社會多嗜之。惟猶太人、以宗教上之信仰、絕不食

野獸

此。又其肉上處處有脂肪之塊。取而煎之。更使凝固。即爲脂油。用處極繁。

野獸之中。通常惟食兎鹿二者。其餘肉硬而味腥。鮮有食之者。今列舉獸肉成分之大概如次。

	水分	蛋白質	脂肪	灰分
牛肉	六〇・八〇	一八・〇〇	一六・〇〇	五・二〇
馬肉	七三・六二	二四・四九	〇・七二	一・一七
羊肉	五七・三〇	一四・五〇	二三・八〇	四・四〇
豚肉	五五・三〇	一四・〇〇	二八・二〇	二・六〇
兎肉	七四・一六	二三・三四	一・一三	〇・一九
鹿肉	七五・七六	一九・七七	一・九二	一・一三

又諸成分之消化率。可舉牛肉爲例。以槪其餘。

家禽

野禽

蛋白質　脂肪　灰分

九七五　九五五　八五六

禽類亦別家禽、野禽。家禽有鷄、鴨、鵝、等而鷄尤爲重要。其種類甚多。大概產卵與食肉二者、不可得兼。至美味者、則爲七面鳥。此爲歐美產、亦鷄之類。因面色時易、故名。美國每年十一月二十日舉行感謝節、紀念其先人初至美洲之事。是日每家必烹七面鳥食之。沿爲習俗。家禽之肉、較獸肉之脂肪爲少。其缺乏澱粉、則同。野禽之類頗多。間或食取其肉。昔羅馬盛時、風俗奢侈。以鶯舌爲珍品。每有一餐而殺鶯數千者、可云殘虐。今則但食鶉等小鳥、亦但好奇者嗜之而已。其餘如野鴨、雉、等亦有食之者。野禽之肉、較家禽多香味。蓋富蛋白質之故。至脂肪則較少。今列舉各種鳥類成分於次。

	水分	蛋白質	脂肪	無窒素物	灰分
鷄	七三·二四	一九·一一	五·三八	一·二三	一·二四
鵝	三八·〇二	一五·九一	四五·五九		
鶩	七二·八二	二三·六五	三·二一	二·二三	一·〇九
鳩	七五·二〇	二三·二四	一·〇〇	〇·七六	一·〇〇
七面鳥	六五·六〇	二四·七〇	八·五〇		一·二〇

魚

濱海之國魚類最多。縱計其種別、殆有數百。世界大部分共有者、惟鯡、鱈、鰹、鯖、鰺、鰛等數種。其餘則限於一地、不能普及也。魚肉之滋養、又遜於獸、惟蛋白脂肪之量多、而易消化。其肉稍經時日、每有中毒之慮。且魚類中有特具毒性者。又如鱒多蠑蟲寄生蟲。誠不可不愼也。次舉各種魚類成分之概略。

	水分	蛋白質	脂肪	灰分
鯖	七二.五〇	二一.二〇	四.八八	一.五二
鱸	七七.七〇	一八.六二	二.五九	一.〇九
鯧	七〇.二六	二一.三九	六.七一	一.六一
鰈	七五.八八	二一.九三	〇.七四	一.四五
鮑	七三.〇〇	二四.五六	〇.四四	一.九八
鯉	七八.八六	一八.九四	〇.八三	一.三七
鮒	七九.四六	一七.八六	一.四五	一.二三
鰌	七七.三二	一八.四三	一.六九	一.五六
鱒	四六.二四	三四.一四	三.九九	一五.六三
鰻	六九.二四	一八.〇九	一一.五三	一.二四

鮎	七八．九〇	一七．六六	一．八九	一．五五

魚類成分之消化率大概如次。

	蛋白質	脂肪	灰水化物
鮮肉	九八．一	八四．一	
乾肉	九五．八	八四．八	
肉餅	九六．九	八九．四	九六．七

介

介類雖皆富蛋白質而消化不良。惟牡蠣爲例外、其消化極佳。生食尤美。故歐美視爲珍品焉。其他蜆螺之屬、亦可供食。又鼈類之肉、柔而味美。含蛋白脂肪等營養甚富。惟有膠質。故易滿腹。其成分之概略如次表。

	水分	蛋白質	脂肪	灰分
牡蠣	八九．八九	八．四五	〇．八九	〇．七七

蛤	八四、二二	一三、一九	○、八一	一八八
龍蝦	七六、二九	二一、五二	○、四二	一七七

（終）

書名：衛生新食譜
系列：心一堂・飲食文化經典文庫
原著：【民國】琴仲
主編・責任編輯：陳劍聰

出版：心一堂有限公司
通訊地址：香港九龍旺角彌敦道六一〇號荷李活商業中心十八樓〇五一〇六室
深港讀者服務中心：中國深圳市羅湖區立新路六號羅湖商業大厦負一層〇〇八室
電話號碼：(852) 67150840
網址：publish.sunyata.cc
淘宝店地址：https://shop210782774.taobao.com
微店地址：　https://weidian.com/s/1212826297
臉書：　　　https://www.facebook.com/sunyatabook
讀者論壇：　http://bbs.sunyata.cc

香港發行：香港聯合書刊物流有限公司
地址：香港新界大埔汀麗路36號中華商務印刷大廈3樓
電話號碼：(852) 2150-2100
傳真號碼：(852) 2407-3062
電郵：info@suplogistics.com.hk

台灣發行：秀威資訊科技股份有限公司
地址：台灣台北市內湖區瑞光路七十六巷六十五號一樓
電話號碼：+886-2-2796-3638
傳真號碼：+886-2-2796-1377
網絡書店：www.bodbooks.com.tw
心一堂台灣國家書店讀者服務中心：
地址：台灣台北市中山區松江路二〇九號1樓
電話號碼：+886-2-2518-0207
傳真號碼：+886-2-2518-0778
網址：http://www.govbooks.com.tw

中國大陸發行　零售：深圳心一堂文化傳播有限公司
深圳地址：深圳市羅湖區立新路六號羅湖商業大厦負一層008室
電話號碼：(86)0755-82224934

版次：二零一五年一月初版，平裝

定價：
港幣　八十八元正
人民幣　八十八元正
新台幣　三百三十八元正

國際書號 ISBN 978-988-8316-18-2

心一堂微店二維碼

心一堂淘寶店二維碼